学會史

中 国
学会史
丛 书

中 国 追 赶 现 代 的 脚 印

公 众 理 解 科 学 的 阶 梯

中国学会史丛书

中国科技社团发展简史

A BRIEF HISTORY OF
CHINESE SCIENTIFIC AND TECHNOLOGICAL SOCIETIES

中国科协学会服务中心　编著

中国科学技术出版社
·北　京·

图书在版编目（CIP）数据

中国科技社团发展简史 / 中国科协学会服务中心编
著 . -- 北京：中国科学技术出版社，2023.7
（中国学会史丛书）
ISBN 978-7-5046-9433-1

Ⅰ.①中⋯ Ⅱ.①中⋯ Ⅲ.①科学研究组织机构—社
会团体 – 概况 – 中国 Ⅳ.① G322.2

中国版本图书馆 CIP 数据核字（2022）第 230113 号

策划编辑	王晓义	
责任编辑	王　琳	
封面设计	孙雪骊	
正文设计	中文天地	
责任校对	焦　宁	
责任印制	徐　飞	

出　　版	中国科学技术出版社
发　　行	中国科学技术出版社有限公司发行部
地　　址	北京市海淀区中关村南大街 16 号
邮　　编	100081
发行电话	010-62173865
传　　真	010-62173081
网　　址	http://www.cspbooks.com.cn

开　　本	710mm×1000mm　1/16
字　　数	160 千字
印　　张	11.5
版　　次	2023 年 7 月第 1 版
印　　次	2023 年 7 月第 1 次印刷
印　　刷	北京世纪恒宇印刷有限公司
书　　号	ISBN 978-7-5046-9433-1 / G·994
定　　价	68.00 元

编委会

主　任：刘亚东

副主任：朱文辉　刘桂荣　齐志红

顾　问：崔建平

委　员：张海波　高　洁　齐志红

编写组

主　编：高　洁　张海波

成　员：孙　琢　战勇钢　张　路　曹德龙　张　旗　郑　泉

前 言

FOREWORD

中国科技社团是中国的群众性学术团体，是联结中国广大科技工作者最有力的组织。中国科技社团从晚清、民国为挽救民族危亡而自发组织，到中华人民共和国成立初期在中国科协领导下投身社会主义建设，已经走过了一个多世纪的风雨历程。

回首中国科技社团百年奋斗之旅，乱世危局中，它们以科学救国为己任，团结科技工作者奔走呼号，毁家纾难；中华人民共和国成立以后，它们成为党和政府联系科技工作者的纽带和发展科技事业的得力助手，在中国科协的领导下，在百废待兴的环境下为科技报国而艰苦奋斗；在改革开放的春风里，它们攻坚克难，为实现科教兴国而勇攀高峰；中国特色社会主义进入新时代以来，它们乘风破浪，为科技强国而奋发创新。中国科技社团的百年光辉历史足以证明，这是一支优秀的、坚强的、完全可以信赖的科技大军。特别是在中华人民共和国成立以后，面对不同阶段的时代背景和历史任务，中国的科技社团始终在党的领导和关怀下，以为科技工作者服务、为创新驱动发展服务、为提高全民科学素质服务、为党和政府科学决策服务为出发点，当好党和政府联系科技工作者的桥梁和纽带，为促进科学技术的繁荣和发展、促进科学技术的普及和推广、促进科技人才的成长和进步、促进科技智库作用的发挥和彰显而不懈努力，做出了应有的贡献。

中国科技社团是科学家精神始终不渝的承载者和传承者。一代代中国广大科技工作者中，有胸怀祖国、服务人民的海归学者，有勇攀高峰、敢为人先的科技骨干，有追求真理、严谨治学的科研人员，有淡泊名利、潜心研究的莘莘学人，有集智攻关、团结协作的科技团队，有甘为人梯、奖掖后学的老一辈科学家，他们数十年如一日，无私奉献，在科技阵线攻克了一个又一个难关，实现了一个又一个突破，为中国跻身科技强国之列做出了举世瞩目的成就，让科学家精神成为引导科技工作者前进的明灯。

追古溯往，念先贤筚路蓝缕；立足当下，励吾辈踔厉奋发。在迈上全面建设社会主义现代化国家新征程、向第二个百年奋斗目标进军和推进中国式现代化建设之际，我们编写此书，回顾中国科技社团的百年奋斗历程，系统地总结中国科技社团的百年奋斗成果和宝贵经验，分析中国科学家的群体特征和代际特征，挖掘中国科学家精神的内涵，探寻在世界百年未有之大变局中新时代中国科技社团的发展道路。与此同时，我们也希望以此书向全社会展现中国科技社团在国家科技、经济、社会发展中所做出的重大贡献，增进社会各界对中国科技社团的认识和了解，弘扬科学家精神，并激励中国科技界进一步树立自信心、增强自豪感，在新时代新形势新要求下，坚持一张蓝图绘到底，建设世界科技强国，实现中华民族伟大复兴。

目　录
CONTENTS

绪　　论

自近代科学在欧洲诞生以来，科学技术在人类社会发展中扮演了日益重要的角色。科学技术与经济、社会的关系日趋紧密，科学的社会化成为不可逆转的趋势，科学活动从一种个人的研究探索逐步走向同人之间的交流与讨论，研究者借以相互启迪，获得提高。随着学术交流的发展，学术活动日益频繁，参与人数日益增加，人们进而成立组织，订立章程，学会由此应运而生。学会是科学技术工作者自发组织、自愿参与的学术性团体，是科技工作者活动的舞台，从出现伊始即对科学知识的持续产出与流通产生了极大的促进作用，同时也推动了科学技术制度化的进程，促进了人类社会、经济及文化的进步，堪称人类文明的智慧之花。周培源先生曾说，几百年来，世界各国的学术组织，犹如繁星在天，处处闪耀着人类智慧的光芒。总而言之，学会是科技发展的重要支柱，是社会生产和科学技术发展到一定阶段的产物，而其出现和发展又给科技、文化和社会的进步提供了反哺。可以说，学会的发展犹如一面镜子，深刻地反映了某一历史时期科技、文化乃至社会的发展状况，中国学会百年发展史正是中国近代科技、文化与社会发展的生动映照。

从世界范围来看，具有近代意义的科学社团产生于16—17世纪的欧洲，自然秘密研究会、林琴学院、齐曼托学院等自然科学社团在这一时期次第而生。而 1660 年成立的英国皇家学会，以其不断完善的宗旨、职能、机构设置、管理体系、科学成果奖励制度、同行评议制度等，成为近代科技社团发展的模板。中国最早的、与自然科学相关的团体同样可以追溯到16 世纪下半叶，根据《医学入门捷径六书》中《一体堂宅仁医会录》（图 0-1）所载，1568 年（明穆宗隆庆二年），一体堂宅仁医会由明代著名医家徐春甫在顺天府（今北京）发起创立。[①] 该会成立时有会友 46 人，咸集客居京都之名医，汪宦、巴应奎、支秉中等著名医家均在其中。该会有明确的宗旨和稳定的会款来源，申明"宅仁以为会，取善以辅仁"，提倡会友之间"善相劝，过相规，患难相济"，强调"理无终穷，学无止法"，希望会友对医术"已精而益求其精"。一体堂宅仁医会诞生于晚明。这一

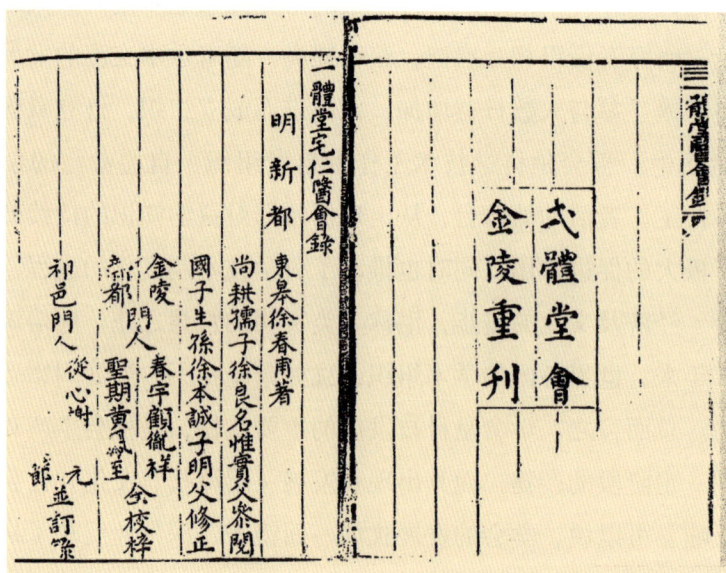

图 0-1 《一体堂宅仁医会录》内页

时期，社会生产和商品经济高速发展，资本主义萌芽出现，推动了知识与

---

① 项长生.我国最早的医学团体一体堂宅仁医会 [J].中国科技史料，1991，12（3）：61-69.

技术的交流和进步；加之思想上陆王心学以人为本的思潮之影响，中医药学前承宋金元三代医学的发展之大成，进入黄金时代，一体堂宅仁医会这一民间医学团体应运而生。但这个组织可能具有职业团体特征，还不是严格意义上的自然科学学会。与近代欧洲不同的是，中国的封建统治者随后推行的重农抑商政策和在思想文化方面实行的文化专制主义，遏制了知识分子对自然科学之探索，从而造成了科学技术的落后和科技社团活动的阻滞。一体堂宅仁医会如昙花一现，湮没于历史长河。此后300年并无科技社团的任何记录可循。中国的科技社团之花未及绽放，即已走向凋零。

1840年，英国军舰上的隆隆火炮轰开了古老东方国家的国门。部分开明的中国知识分子从天朝上国的迷梦中醒来，开始开眼看世界。面对西方先进的科学技术，林则徐、魏源等提出"师夷长技以制夷"的主张，倡导积极学习西方科学技术。以"自强""求富"为目的的洋务运动兴起。然而，随着清朝在中日甲午战争中惨败，中国进一步被列强瓜分，力主开矿藏、造舰船、修铁路的洋务运动宣告破产。中国知识分子中的有识之士逐渐认识到，培养民力、民智、民德，才是使中国富强的根本办法。而欲开民智，则必讲西学，讲西学应从组织学会做起。康有为曾说，"天下之变，岌岌哉！夫挽世变在人才，成人才在学术，讲学术在合群"。"合群"意即组建学会。虽有守旧派百般掣肘，但在康有为、梁启超、谭嗣同、唐才常等人的倡导组织下，一时之间有学会大兴之势头。这一时期成立的社团，维新精英会聚。他们积极引介西方先进思想和科学知识，志在凝聚群力群智，力挽民族危亡之狂澜，是为当时中国思想文化启蒙之先锋，同时也开创了近代知识分子集会结社之先河。在当时众多的学会当中，真正将科技社团推上历史舞台的则属欧阳中鹄和他的学生谭嗣同、唐才常等在湖南浏阳组织的算学社。虽然算学社未能长期存续，但是，近代中国科技社团发展的序幕却由此缓缓拉开。

1911 年 10 月 10 日（农历辛亥年八月十九），武昌起义的一声枪响划破了寂静的夜空，中国最后一个封建王朝在夜色中轰然崩塌。1912 年元月，中华民国宣布建立。辛亥革命虽然推翻了延续几千年的封建统治，但积贫积弱的中国正值内外交困，军阀混战，民生凋敝。救亡图存仍然是当时的迫切任务。20 世纪 20 年代，新文化运动进一步促进了思想的启蒙，科学与民主观念深入人心。中国的知识分子以科学救国为己任，奔走呼号，精诚合作，极大地推动了中国科技事业的发展。他们组建了一大批科学技术社团，为联络同志、振兴学术、普及科学、兴办实业、强国裕民做出了重要贡献。

1914 年由留美学生发起成立的中国科学社，作为中国近现代史上较大的科学团体之一，在传播科学知识、科学方法和科学精神，探索中国科研体制化道路，促进中国科学融入国际科学界等方面，做出了重要贡献。在此前后，中国药学会、中国护士会、中国地学会、中华工程师会、中华医学会、中华农学会、中华森林会等科技社团相继建立。1931 年，"九一八"事变爆发，民族危机进一步加剧，科学救国的思想如熊熊烈火在中国知识分子心中燃烧。更多的科技社团迅速成立，在团结科技人员进行科学宣传、支援抗日、普及科学和卫生知识等方面发挥了重要作用，同时自身的组织结构和管理体系也逐渐形成。在解放区，陕甘宁边区国防科学社、陕甘宁边区自然科学研究会（图 0-2）、晋察冀边区自然科学界协会、东北自然科学研究会等团体陆续成立。1949 年 7 月，东北自然科学研究会以解放区科学技术团体的身份，与中国科学社、中华自然科学社、中国科学工作者协会一道，共同发起召开中华全国第一次自然科学工作者代表大会筹备会，选派代表参加中国人民政治协商会议。

1949 年 10 月 1 日，毛泽东在天安门城楼上向全世界庄严宣告：中华人民共和国中央人民政府今天成立了。这是一个崭新的时代，历经磨难的中华民族从此巍然屹立于世界民族之林。中国科技社团也从此踏上了新的征程，它们即将以科学技术的如椽大笔为中华民族谱写新的篇章。中华人民共和国诞生之始，全国人民为建设新中国团结组织起来，迎接新时代、新使命。为国家建设贡献力量

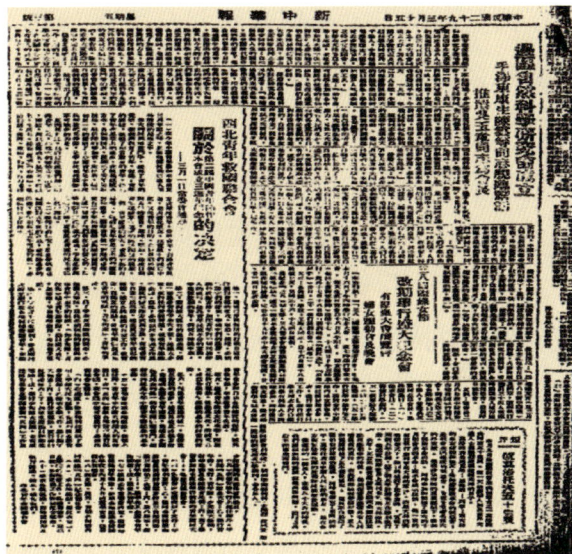

图 0-2 《新中华报》1940 年 3 月 15 日登载陕甘宁边区自然科学研究会成立的消息

是科技工作者的神圣职责，科技工作者们不仅积极参与了建国大业和人民政协活动，中国科学工作者协会香港分会还率先倡议召开全国性科学会议、建立全国科学工作者组织，获得了中共中央认可。吴玉章在 1950 年 4 月 15 日的自然科学工作者代表会议筹备委员会第十次常委会议上提出建设新型科技团体的构想。沿着这一构想，1950 年 8 月召开的全国自然科学工作者代表会议上成立了两个全国性的科技组织：中华全国自然科学专门学会联合会（简称"全国科联"）和中华全国科学技术普及协会（简称"全国科普"）。为使科学技术的普及与提高相互促进，1958 年 9 月，上述两个团体联合召开全国代表大会，成立了全国统一的、社会主义的科学技术团体——中华人民共和国科学技术协会（简称"中国科协"），李四光任主席。9 月 18 日，中国科协第一次全国代表大会召开，围绕科协的性质、任务和组织建设方针统一了认识。

截至 1963 年，全国学会由 41 个增加到 46 个，并建立了 150 多个专业委员会。各省、自治区、直辖市已有 708 个省一级的学会组织。据 25 个省、自治区、直辖市科协的初步统计，各学会会员共计 15.5 万多人。在中国共产党的领导下，中国的科技社团得以形成统一格局，科技社团的专业化程度日益加深，组织建设更加规范，在服务国家总路线和总任务中发挥了作用。尽管当时对科技工作者和科技社团功能定位的认识出现反复，但是科技社团在号召海外留学人员回国参与建设、促进学科发展、普及科学知识、推动生产实践和国际交往等方面，发挥了重要而不可替代的作用。

1977 年以后，中国科技界的春天来了。在全国范围的拨乱反正和改革开放洪流的推动下，全国学会也重新焕发了勃勃生机。"尊重知识、尊重人才"的思想在全社会得到普遍认可。在党和政府的领导支持下，截至 1986 年 6 月，全国学会已经有 138 个，会员 180 万人；地方学会有会员 120 万人。1980 年和 1986 年，中国科协第二次和第三次全国代表大会召开，进一步明确了中国科协是党和政府联系科技工作者的纽带，是党和政府发展科技事业的助手；通过了《中国科学技术协会章程》等一系列相关制度，明确了科协定位和全国学会的功能职责（图 0-3）。20 世纪 90 年代以来，社会主义市场经济繁荣发展，科教兴国、国家创新

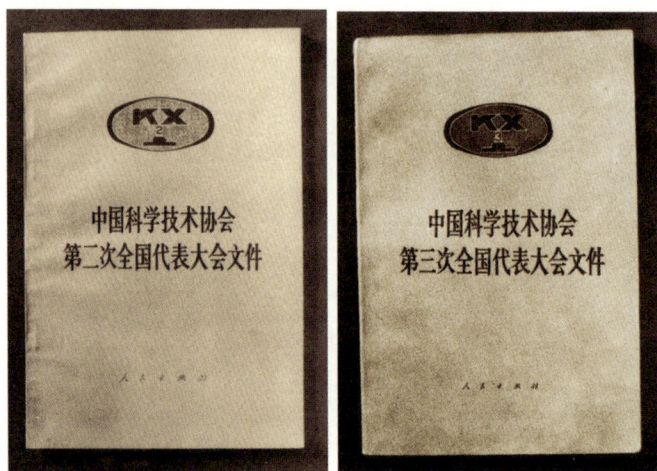

图 0-3　中国科协第二次和第三次全国代表大会文件

体系建设等重大发展战略相继提出。在这一形势下，全国学会顺应时代发展需求，不断加强自身改革与建设。2010年出台《社会组织评估管理办法》，2015年中央首次召开党的群团工作会议，2015年发布《行业协会商会与行政机关脱钩总体方案》，一系列重大会议的召开及重要政策的出台，均对全国学会发展产生了深远影响。在社会主义建设的新时期，面向现代化、面向世界、面向未来已成为全国学会的前进方向。勇挑时代的重担，促进科技的繁荣发展和普及推广，促进科技人才成长，提升中华民族科学文化水平，为把我国建设成为高度文明、高度民主的社会主义国家而不懈奋斗，已成为全国学会不断奋进的不竭动力。

2012年11月，党的十八大胜利召开，中国特色社会主义进入新时代。在全体中华儿女勠力同心实现中国梦的伟大征程中，建设世界主要科学中心和创新高地成为全国学会所必将肩负的历史使命。这是新机遇，亦是新挑战。全国学会以服务国家发展大局、助力科技工作者为己任，在实现"两个一百年"奋斗目标、建设世界科技强国等国家重大战略中不断贡献自己的力量。全面深化改革、履行科技社团新使命则是时代赋予全国学会的历史任务。全国学会根据中国科协"三轮"驱动战略，巩固学术、科普工作，大力开展智库建设，提高自身社会地位和影响力；贯彻《关于加强社会组织党的建设工作的意见（试行）》要求，加强学会党建工作，加快国际化步伐，促进民间科技交流；利用人工智能、大数据、云计算等新技术吸引会员、服务会员，打造"互联网＋学会"新模式。全国学会积极顺应新时代新要求，全面提升自身发展能力，加速治理体系建设和治理能力现代化，在社会主义的新征程上昂首阔步，筑梦中国。

溯往昔，岁月峥嵘；路漫漫，风云际会。从晚清到今天的漫漫长路上，中国科技社团从未缺席，它们在山河破碎中振臂疾呼，在炮火纷飞中风雨兼程，在艰难曲折中百折不挠，在改革春风中昂首阔步。中国科技社团的兴起与发展始终与中华民族的命运紧密相连，其百年发展历程正是中国科学、文化与社会发展的见证。透过科技社团百年兴衰，看我中华儿女奋斗不屈。中国的科技社团，生逢乱局，义武奋扬未低头；今朝盛世，何辞助力造辉煌！

1949 年之前的中国科技社团

从清末维新变法到 1949 年中华人民共和国成立，这是一段中华儿女饱经苦难的岁月。中国的科技社团在深重的民族危机中生根发芽，在风起云涌的自强图存运动中发展壮大。它们以科学救国为己任，群策群力，义武奋扬，以一腔热血写就科学救亡之歌。

1.1 兴学会、开民智

19 世纪，欧美资本主义国家乘科学发展和工业革命之东风蒸蒸日上，而中国则在腐朽的封建制度禁锢下，科学技术发展停滞不前，科技社团活动衰落无闻，国势日颓，东方大国已为强弩之末。1840 年，第一次鸦片战争爆发。面对西方列强的坚船利炮，中国几无还手之力，自此国门洞开，而西方先进的科学技术和文化也随之涌入。中国的有识之士开始开眼看世界，主张了解并学习西方科技的洋务运动拉开了序幕。然而，标榜"中学为体、西学为用"的洋务运动并未能挽救中国于颓势。1894 年，中日甲午战争爆发。中国在甲午战争中再次惨败，整个国家已呈豆剖瓜分之势。当时的有识之士认识到，仅以"制器"学习西方是不够的。欲开民智，必讲西学，已经成为先进知识分子的共识。当时维新派的代表人物康有为、梁启超、谭嗣同等人认为，基于当时中国之困局，欲学习西方，应以组织学会、培养人才为先。梁启超在为《时务报》开辟《会报》专栏的序中大声疾呼："欲救今日之中国，舍学会末由哉！"谭嗣同认为："欲讲富强以刷国耻，则莫要于储才。欲崇道义以正人心，则莫先于立学。"但是，独处之士犹如孤翔之鸟，所学必浅陋，只有交流学习方可大成。"不讲论，则其智不启也；不观摩，则其业不进也；不熏习，则其德不固也；不比较，则其力不奋也；不通力合作，则其所造有限而为程无尽也。"而学会正是知识分子互相观摩、学习、比较的理想之所，因而他提出，"今之急务，端在学会"。

1.1.1 维新运动与社团萌芽

1895 年，康有为在北京创立了强学会，梁启超作为会员于 1896 年发表

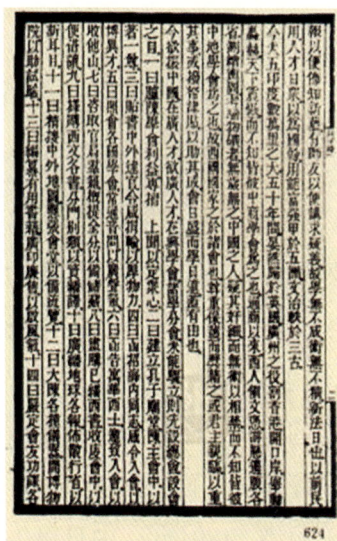

图 1–1 梁启超在《时务报》
发表《论学会》

《论学会》一文（图 1–1），论证了在中国兴办学会的历史基础、现实意义和具体措施，是科技社团发展早期的重要文献之一。他在文中说："道莫善于群，莫不善于独。独故塞，塞故愚，愚故弱；群故通，通故智，智故强。今欲振中国，在广人才。欲广人才，在兴学会。遵此行之，一年而豪杰集，三年而诸学备，九年而风气成。"当时在维新派知识分子的大力宣传和组织之下，在中国湮没了 300 余年的学会再次兴起。一时之间，有学会大兴之势头。这个时期创立的学会，性质多种多样，有政治性的（如强学会、保国会），有兼具政治性

和学术性的（如上海强学会、京师西学会），有学术性的。在学术性学会中，又分社会科学性质的（如圣学会、法律学会）和自然科学性质的（如算学会、农学会）。此外，还有专注儿童启蒙的（如蒙学会）、移易风尚习俗的（如不缠足会、戒鸦片烟会）、从事翻译的（如译书公会）等。这些学会的参加人数，自十余人至三四百人不等，学会活动时间也不长，然而它们在鼓动变法维新、转变社会风气、普及科学知识、传播近代技术等方面，起了很大作用，是清末思想启蒙运动的重要阵地，也开创了近代知识分子集会结社的先河。整体而言，这一时期成立的社团更多地具有政治改良和社会改良性质，科技特征并不明显。而中国近代之科学技术团体，则当首推湖南浏阳算学社，它的组建开创了中国近代专业学会的先声。

1895年秋，谭嗣同与同乡好友唐才常力主废经课，兴算学。谭嗣同认为，"变法的急务在教育贤才，求才的第一步在兴算学"。为此，谭嗣同作万言书，上呈曾任内阁中书的恩师欧阳中鹄，痛陈时弊，从国家的现状论述了开办格致馆的必要性。欧阳中鹄深受触动，亲自批复，刻印刊发。这封上书就是史上著名的《兴算学议》（图1-2），浏阳由此掀起了一股兴算热潮。

1895年8月，在欧阳中鹄的支持下，浏阳南台书院被批准改为算学馆。谭嗣同又拟定算学馆《开创章程》和《经常章程》，准备聘请总掌教兼总理1人和精通算学的分教习1人，招集生徒10人。[1]《浏阳算学馆增订章程》载明：

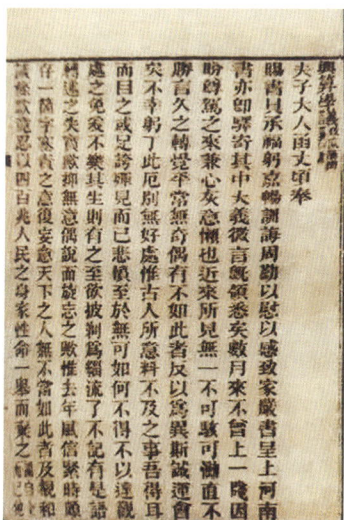

图1-2　谭嗣同《兴算学议》内页

---

[1] 谭嗣同．浏阳兴算记，开创章程［M］//何志平，尹恭成，张小梅．中国科学技术团体．上海：上海科学普及出版社，1990：12.

"本馆之设，原以培植人才，期臻远大，并非为诸生谋食计。算学为格致初基，必欲诣极精微，终身亦不能尽。"章程规定生员须在30岁以下，三年肄业，主修数、理、科常等课。此外，馆内还备有各种社会科学和自然科学方面的"西书"，订有《申报》《汉报》《万国公报》等报刊，供生徒课余"阅看外国史事、古今政事、中外交涉、算学、格致诸书及各新闻纸"①，已经明显脱离了旧式书院的模式。然而，建浏阳算学馆之举遭到顽固士绅的激烈反对，只得暂缓，而先招16名学生，成立了算学社，聘请新化晏孝儒为掌教。师生精研算学，功效渐著。浏阳算学社是戊戌维新时期的第一个科技社团，也是中国近代史上最早的自然科学学会。

1897年，在浏阳民众的支持下，谭嗣同联合众人筹集巨款，扩大算学社规模，将算学社由私办转为公办，改名为"浏阳算学馆"，"益推究制造之理，西方道器之精微"，以发展中国科学文明。1898年9月，戊戌变法失败，谭嗣同等戊戌六君子慷慨就义，维新变法时期的各项举措遭到废除，近代社团大量被查封，刚扩充的浏阳算学馆也被遣散。浏阳算学馆虽规模不大，且只开办了一年，却起了"为一邑风气"的作用，它对湖南新学的传播和维新运动的兴起起了很大的作用。

1.1.2 孙中山首倡农学会

中国一直是农业国家，"养民之政，首重农桑"。农业问题一直是中国民生之所系，农学也广为先进的知识分子所关注，他们认识到中国要发展经济，必须要从农业做起。中国最早的农学会为革命先行者孙中山先生于广州首倡。早在1891年，孙中山即作《农工》一文，介绍了西方国家先进的农政管理、农业教育和农业科技，指出西方国家农业之进步不仅在于

---

① 谭嗣同.开创章程八条［M］//何志平，尹恭成，张小梅.中国科学技术团体.上海：上海科学普及出版社，1990：13-14.

农业技术,还在于"农功有专学"。1894 年,他又在《上李鸿章书》中明确提出了对中国农业近代化的构想,其核心即在于"务农有学"。1895 年 3 月,孙中山、陆皓东、程耀震等在广州双门底王家祠筹备成立农学会。5 月,在北京应试的举人发起"公车上书",资产阶级维新派代表人物康有为、梁启超等建议效法外国,在各地组织农学会。10 月 6 日,孙中山先生在广州《中西日报》发表《创立农学会征求同志意见书》,以研究农桑新法为号召,首定农学会章程若干条,阐明中国非研究农学与振兴农业不足以致富强之理,得到广州官绅潘宝璜、潘宝琳、刘学询等数十人署名赞助。农学会会址设于广州双门底圣教书楼,另在城外咸虾栏设立分会。

1896 年,中国学术界名流罗振玉、徐树兰、朱祖荣等于上海发起成立务农会(后改名为"农学会"),倡导"广树艺、兴畜牧、究新法、济利源"。认为"农学为富国之本",提出"创设农学会,拟复古意,采用西法,兴天地自然之利,植国家富强之源"。罗振玉的呼吁得到各方人士赞同,梁启超、谭嗣同等均为其会员。谭嗣同还亲自拟定《农学会会友办事章程》。上海农学会以"立农报、译农书、延农师、开学堂、售嘉种、试新法"为活动内容,尝试全方位改良中国农业。上海农学会在办农报、译农书两方面卓有成效。《农学报》(图 1-3)创刊于 1897 年,由罗振玉主编,梁启超作序。《农学报》自创刊到 1905 年,共出版 315 卷(期)。《农学报》所载科学译文后来以《农学丛书》的形式出版,总数达 149 种。可以说,上海农学会和《农学报》揭开了中国近代农业改进的序幕,是中国传播西方现代农业科学知识的先锋,对推动中国近现代农业科学的发展发挥了积极作用。上海之外,直隶、广东等省也成立过多个农学会或务农会。1910 年张謇在南京筹备成立

图 1-3 《农学报》封面

了全国农务联合会，并在欧美各国、日本和南洋群岛设立通信员。

这一时期科学团体存在的时间不长①，主要宗旨仍集中在政治和社会改良上，尚未能形成促进科学研究、学术交流的运行机制，但是对其后农学会在中国各地建立产生了深远影响。

1.2　科学救国，砥砺前行

1912 年 1 月 1 日，中华民国临时政府在南京成立，孙中山被推举为临时大总统。1912 年 2 月，清帝溥仪退位，清王朝覆灭，绵亘中国 2000 余年的封建帝制宣告结束。

民国虽立，但当时外有列强虎视眈眈，内有各路军阀混战不休，民生凋敝，百业衰颓，深重的民族危机仍如影随形。借助西学挽救民族危亡，实现国家富强，一时之间成为社会的主要诉求。20 世纪一二十年代，轰轰烈烈的新文化运动席卷中国，带来了"德先生"与"赛先生"，进一步推动了民主与科学思潮的推广。"科学救国"的思潮一时无两，"交通以科学启之，实业以科学兴之，战争攻守工具以科学成长"，发展科学无疑已经成为当时救国兴邦之关键，而科学的进步与发展则有赖于科学团体的建设。"今之时代，非科学竞争，不足以图存；非合群探讨，无以致学术之进步"，"文明之国，学必有会"。由此，中国科学社团进入了中国近代以来第一个蓬勃发展的时期，现代意义上的科技社团开始在中国初具规模，并逐步成为不断促进科学家成长与群体壮大的摇篮。

---

① 1895 年 11 月，广州起义失败后，广州农学会遭到官府的破坏，会员离散，活动停顿。戊戌政变时，谭嗣同等"戊戌六君子"殉难，受此牵连，大批学会遭禁，报刊被查封。农学会由于没有"妄议时政"而得以幸存。

1.2.1　中国科学社

民国时期建立的科技社团有 150 余个。[①] 它们或综合，或单科；或成立于国外，或在国内组建。在综合类社团中，中国科学社、中华学艺社与中华自然科学社为一时之翘楚，并称近代三大民间科学机构[②]，其中尤以中国科学社影响最为深远。

中国科学社是近现代中国最早的民间综合性科学社团，以"联络同志、研究学术，以共图中国科学之发达"为宗旨，其思想之先进、学术水平之高、影响力之巨，堪称 20 世纪上半叶中国科学共同体之中坚。

1915 年 10 月 25 日，由任鸿隽等留美学生发起的中国科学社正式成立。他们以英国皇家学会为楷模，并通过了社章，确定宗旨为"联络同志，共图中国科学之发展"。同时，推举任鸿隽为社长、赵元任为书记、胡明复为会计，协同秉志、周仁共五人组成首届董事会（图 1-4、图 1-5）。社内分设农林、生物、化学、机械工程、电机工程、土木工程、采矿冶金、物理数学及

图 1-4　1915 年，中国留美学生创建中国科学社

图 1-5　1915 年 10 月 25 日中国科学社第一届董事会成员合影（后排左起：秉志、任鸿隽、胡明复；前排左起：赵元任、周仁）

① 何志平，尹恭成，张小梅.中国科学技术团体［M］.上海：上海科学普及出版社，1990：78.
② 中国科学社主要由留美学生组成，中华学艺社主要由留日学生组成，中华自然科学社则主要吸收本国毕业的社员。

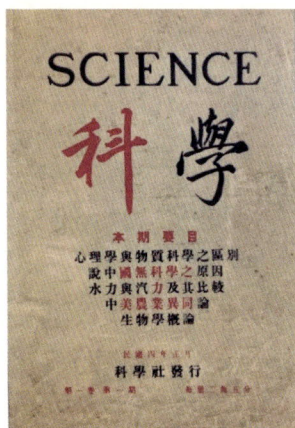

图 1-6 《科学》杂志第一卷
第一期，1915 年出版

普通九股，社员按各人所学习的学科或所从事的专业分别加入各股。

中国科学社最具标志性和示范性的事业当属创办《科学》杂志、开创年会制度，以及创建图书馆和生物研究所。

早在中国科学社成立之初，科普就被当成该社的一项非常重要的工作。中国科学社创办的《科学》杂志（图 1-6）自 1915 年创刊以来，始终以"传播世界最新科学知识"为帜志，在传播科学理念、介绍科学知识与科学原理、及时传达西方最新科技动态、发掘整理中国古代科学成就、阐发科学精义及其效用等方面做出了贡献。1933 年，中国科学社又创办了一份普及性的半月刊《科学画报》。该刊发行量很大，成为当时国人了解科学知识的良师益友，在推进中国"科学化"运动方面堪称功勋卓著。

中国科学社所开创的年会制度在中国科学体制化过程中也十分重要，在公众和科学界中都有很大的影响力。召开年会是中国科学社的既定任务。中国科学社在 1916—1948 年召开过年会二十六届。年会地点遍布全国，与会者也由最初来自单一团体的成员发展为多团体成员。年会的学术交流日益规范，学术声望遍及全国。科学社还通过"请进来、走出去"的方式积极开展国际学术交流。中国科学社年会的发展是中国科学交流系统正规学术会议从萌芽到成熟的一个缩影。它从以交谊为主的学生会性质年会，发展到以学术交流为特征的学术团体年会，逐渐成为会聚全国大部分科学精英的科学家盛会。

中国科学社生物研究所于 1922 年在南京成立，是中国第一个生物学研究机构。该所自成立之日起就积极进行生物学的标本采集与研究，前后历时 30 余年，在物种调查及动植物实验研究方面做了大量工作，开启了中国现代有组织、有系统的生物学研究，使中国生物学走上了独立发展的道路。[①] 开办明复图书馆也是中国科学社的一项重要事业。该馆 1930 年在上海正式落成，先后得到当时国内科学家的多方赞助和捐赠，是当时东南首屈一指的科学图书馆。[②]

以西方近代科学社团为模本的中国科学社，虽然是民间学术团体，但也是中国近现代史上规模最大、最持久的科学社团。中国科学社的体制为其后诸多科学社团所仿效。在中央研究院成立之前，中国科学社是中国科学界在国际上的代表，它宣扬科学，实践民主，切合当时国内文化建设的需要，为"德先生""赛先生"的吁求提供了坚实的基础。无论是从倡导科学研究、呼吁创建各种专门研究机构以形成社会舆论上，还是在具体的实践层面上，中国科学社对中国近代专门科研机构体制化的作用都十分显著。在中国科学社的带动下，各专门学会如中国地质学会、中国气象学会、中国生理学会、中国物理学会、中国化学会、中国地理学会、中国数学会等科学学会应运而生。除了中国生理学会，其他专门学会的发起人或领导者都是中国科学社成员。这些学会均效仿中国科学社，建立了科学管理与民主决策机制。另有中国农学会等多个科技团体，也是在科学社的影响下成立的。

1.2.2　其他具有科技职能的学术团体

中华自然科学社是这一时期影响深远的综合类科技社团。中华学艺社

---

① 薛攀皋.中国科学社生物研究所——中国最早的生物学研究机构［J］.中国科技史料，1992（2）：47-57.

② 关于中国科学社成立始末及事业，参见：任鸿隽.中国科学社社史简述［M］// 何志平，尹恭成，张小梅.中国科学技术团体.上海：上海科学普及出版社，1990：79-91.

也具有浓厚的科技社团色彩。

（1）中华学艺社

中华学艺社原称丙辰学社，1916 年 12 月 3 日由陈启修、杜国庠、王兆荣、周昌寿、郑贞文等 47 人在日本东京发起成立，因年属丙辰，乃定名为丙辰学社，社址设在东京小石川区原町。陈启修被推举为学社的首届执行部理事。蔡元培、范源濂、梁启超等为该社名誉社员。它团结了一大批学有专长的留日爱国学生。后来我国社会科学和自然科学方面有名的学者、专家郭沫若、夏丏尊、郑贞文、吴永权、傅式说等，当时都是这个学社的成员。丙辰学社当时是以"研究真理，昌明学术，交换智识，促进文化"为宗旨的学术团体，并于 1917 年创办《学艺》杂志。这个杂志对各种思想兼收并蓄，发表了各种思潮的文章，参加了五四运动前后的"百家争鸣"。五四运动后，丙辰学社于 1920 年迁回上海，1923 年改名为"中华学艺社"。中华学艺社还致力于推介我国优秀的文化，以及世界各国先进的科学文化成果，先后出版了大量有益的进步书籍。该社于 1923 年起编辑《学艺丛书》，先后出版有《相对律之由来及其概念》《赫格尔伦理学之探究》《古算考源》《电子与量子》《胶质化学概要》《遗传与环境》《轨迹问题》《生物地理概说》《实用无线电浅说》《威格那大陆浮动论》《社会学纲要》《儿科医典》等科学书籍，以及《学艺文库》《学艺小丛书》《中华学艺丛书》和《中华学艺社丛书》等，辑印古籍。《学艺》杂志上还刊出过亚当·斯密专号和康德专号。中华学艺社组织民众科学普及委员会，办理民众科学杂志，举行科学演讲，摄制关于科学、工业、农业的幻灯影片公映，设立民众科学实验室。

中华学艺社发展之时，正值五四运动蓬勃开展，学会成员积极投身新文化运动，在民主与科学的两面大旗下切实地介绍了许多当时最新的自然科学知识。中华学艺社的会员在传播西方科学文化、开启民智、发展教育方面做出了突出贡献，影响颇为深远。到 1936 年，中华学艺社共有注册社员 867 人，当时的著名数学家苏步青、化学家郑贞文、地质学家张资平等都是该社成员。

（2）中华自然科学社

民国时期另一个具有重大影响力的综合性科技社团是中华自然科学社，这是一个由国内学生组建的科技社团。20 世纪 20 年代，科学救国思潮风靡国立中央大学校园，李秀峰、赵宗燠、郑集、苏吉等学生为实现科技救国的理想，于 1927 年 9 月在校园内筹备创立了华西自然科学社。学社成立之初，以"研究及发展自然科学"为宗旨，定期召开年会和常务会议讨论社务。一年之后，华西自然科学社社员已发展至 26 人，其籍贯已不局限于华西，因此，在 1928 年 7 月召开年会时，通过投票表决，华西自然科学社更名为"中华自然科学社"。同时，为进一步开展科学研究，中华自然科学社还增设了学术部，先后以杜长明、吴有训、冯泽芳、胡焕庸及朱章庚等人为社长或理事长，下设数学、物理、化学、地理、生物、心理、工学、农学、医学等组，并先后在重庆、成都、李庄、贵阳、昆明、遵义等地设立 28 个分社。此后，历年会员人数迅速增加，学术水平大幅提高。① 中华自然科学社成立初期，大部分社员尚处在求学阶段，因此，该社主要活动以举行学术报告为主。"九一八"事变之后，中华自然科学社组织设立军事科学研究会，参加南京各项反日运动，赵宗燠还积极组织学生义勇军。同年，学社发行内部刊物《社闻》，以便联络社员开展学术活动，推动科学普及事业。1932 年，为了更好地普及科学知识，第五届年会决议出版科普期刊《科学世界》。同年 11 月，《科学世界》

① 至 1950 年，中华自然科学社已有会员 2648 人，大多数是专家学者和教授，形成了我国科学技术界的骨干力量。

19

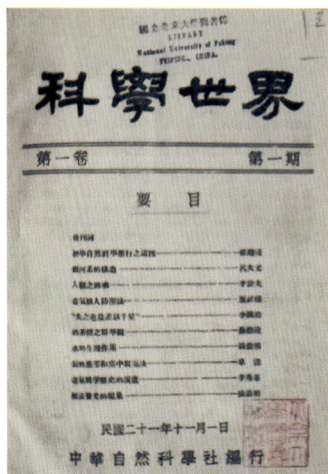

图 1-7　中华自然科学社出版的
《科学世界》

（图 1-7）创刊。该社希望通过这一通俗的科学刊物，配合科学讲演、科学展览等方式，向广大群众宣传科学知识。

1936 年，中华自然科学社社员在《中央日报》上开设《工业与农业》专栏。1937 年 7 月，抗日战争全面爆发，《科学世界》被迫停刊。之后，中华自然科学社决定将总社迁至重庆。此时，中华自然科学社社员发展到 463 名，遍布自然科学的各个领域，学社组织基本健全，这就为学社工作的进一步开展准备了条件。此后的八年里，学社以抗日救国为主旨，同时更加注重战地科学技术的宣传和培训，举办了战时技术训练班、通俗军事科学讲习班，组织战时科学问题讨论，组建战地科学服务团，组织西康（西康省，现四川省西部与西藏自治区东部）和西北两个科学考察团，还出版发行了《中国科学》《科学文汇》等刊物。1943 年，社员发展到 1665 名。次年，学社编辑出版《国防科学丛书》，包含十余种图书；组织国际科学工作合作委员会，主管与欧美各国科学界合作的事务。抗日战争胜利后，中华自然科学社总社迁回南京，开始重新整理社务，在收复地区重建分社，同时继续普及科学，并积极筹办新的事业。

1.2.3　专业科技社团

受中国科学社的影响与带动，20 世纪 20 年代末和 30 年代成为中国现代科技社团建立和改组最为活跃的年代。中国科技社团井喷式发展。与此同时，社团的性质宗旨更加明确，规章制度更为严密，组织管理趋于成熟。它们把科学知识送到民间，热心服务公众，国际交往日多，影响不断扩大。

中国化学会、中国物理学会、中国植物学会、中国动物学会、中国电机工程学会等新的专业科技社团迅速建立起来。中华医学会、中国地学会、中华工程师会等原有团体也进行了升级、改组，通过出版会刊、召开年会、审定名词等工作，促进中国各学科发展与人才培养。中国科技社团日益专业化，开始由多元混合型向功能专业型转变。在 20 世纪以来如雨后春笋般建立起来的中国科技社团当中，中国药学会、中国地学会、中华护士会、中国工程师学会、中华医学会、中国农学会、中国林学会、中国解剖学会、中华心理学会等科技社团历史较长，在当时的影响也较为广泛。

（1）中国药学会

1907 年，在日本留学的早期药学精英人物王焕文、伍晟等在东京发起成立了中华药学会（中国药学会前身）。中华药学会以"团结药学人士，共求学术上进步，推动祖国药学事业的发展"为宗旨，是我国成立的第一批自然科学专门学会之一（图 1-8）。1911 年辛亥革命爆发后，时任中华药学会总干事伍晟组织留日医药学生红十字会会员返国为起义军服务，这是药学会会员第一次有组织地为祖国服务。1935 年 12 月 14 日，第七届中华药学会年会在上海举行，会期三天，为建会以来最长的一次。这次会议的召开在药学会历史上意义非凡。会议首次采用了理事制，会首称为理事长，并且一直沿用至今。会议制定了比较完备的章程，促进改版《中华药

图 1-8 中华药学会早期会员

典》，决定出版《中华药学杂志》。次年，《中华药学杂志》成为中华药学会总会第一本专门的学术刊物，为国内药学人员交流学术成果、开阔视野搭建了平台。

1937年7月，抗日战争全面爆发，日寇占领上海。未及迁往重庆的中华药学会理事、监事们在日伪重重压迫下，与上海药学分会联合，千方百计地开展药学活动。其间，《中华药学杂志》于1940—1941年坚持出刊2卷共5期。为了自制药品支援前线，众多药学会会员殚精竭虑，生产出一批又一批药品，发挥了药学会团结药界共同抗日的积极作用。1942年4月，在迁往重庆的中华药学会理事、监事的不懈努力下，中华药学会更名为"中国药学会"，中断五年的药学会年会以"中国药学会年会"名义召开。1942年7月5日，中国药学会成立大会及第一次年会召开。

（2）中国地学会

1909年9月，以张相文先生为首的进步地理学家（图1-9）在天津发起创立了中国地学会，倡导地理考察并普及地理科学知识。次年，该会创办了中国第一本地理学术刊物《地学杂志》（图1-10），发表了不少具有

图1-9　1909年中国地学会成员合影

图1-10　中国第一本地理学术刊物《地学杂志》第一年第九号封面

近代地理学萌芽性质的文章和地理考察报告，突破了单纯描述地理现象的古代地理学传统。中国地学会的成立和《地学杂志》的创办，标志着舆地之学向现代地理学发展的开端。

自成立以来，中国地学会一直是推动我国地理学乃至地球科学发展的核心力量。除了开展学术交流和科普活动，中国地学会还开展了三方面的工作。一是宣传进步思想，追随革命力量，参与革命活动。二是接受政府委托，开展决策咨询研究。1914 年，中国地学会张相文等受北洋政府农商部委托，赴西北调查农田水利。三是推动地理教育和教材建设，编书、办刊、开课，形成了中国早期地学教育的雏形，极大地促进了地理学教学与研究。另外，1917—1919 年，中国地学会发起编纂《大中华地理志》，完成了甲编省地理志和乙编县地理志多种。

20 世纪 20 年代前后，我国近现代地学先驱丁文江、翁文灏、竺可桢三位先生先后从欧美留学回国。竺可桢于 1921 年在国立东南大学（东南大学、南京大学等校的前身）创办了我国第一个地理系（地学系），开始培养地理科学专业人才，从此中国地理研究中心由北方转移到南方。三位先生与李四光、张其昀、胡焕庸、黄国璋等于 1934 年在南京共同发起成立了中国地理学会，并创办了高水平学术刊物《地理学报》（图 1-11），奠定了中国地理学的学科基础，标志着中国现代地理学的蓬勃发展。

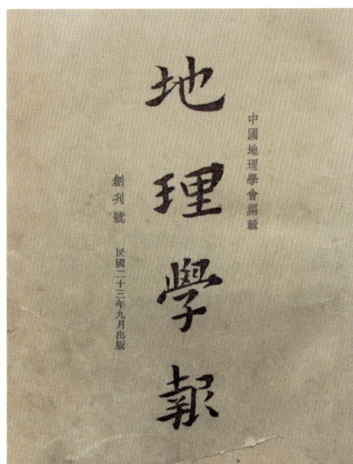

图 1-11 中国地理学会创办的《地理学报》创刊号封面

1934—1949 年，中国地理学会与位于北方的中国地学会并存，人员也有相互交叉，但中国地理学会发挥着引领作用。1950 年，中国地理学会与中国地学会合并为现在的中国地理学会。

（3）中华护士会

1909 年，中国护士会在江西牯岭成立。1915 年，中国护士会创办中英文对照的《护士通讯》；同年，举行首次全国护士毕业会考。1918 年，中国护士会在福州召开第四届会员代表大会，针对当时中国女护士能不能护理男病人的问题，重点展开讨论，并决定以外籍女护士陪同中国女护士一起开展护理男病人的工作，要求中国女护士在男病房工作时举止端庄、文雅。这一决定打破了封建礼教束缚，是中国近代护理学史上一次革命性的突破。1922 年，中国护士会参加国际护士会，国际护士会接纳中国为第 11 个会员国。中国护士会在国际上取得了应有的地位。1923 年，长沙、北京、汉口、上海、贵阳、福州、广东等城市相继成立护理分会。同时，中国护士会改称中华护士会。1928 年前，护士会会长一直由外国人担任，直到第九届会员代表大会，由中国护士伍哲英开始了护理管理与领导工作，中国护理人正式开始管理自己的护理队伍。当时有注册护士学校 126 所，会员 1409 人，标志着中国护理队伍与护理事业的发展初具规模。在 1936 年召开的中华护士会第十三届全国委员大会上，中华护士会改名为"中华护士学会"。

抗日战争时期，中华护士学会延安分会成立。在解放区护士代表大会召开之前，毛泽东听取了中华护士学会延安分会的汇报后，郑重写下"护士工作有很大的政治重要性"。1942 年，毛泽东再次题词"尊重护士，爱护护士"。这两次题词成为中国护士的精神支柱。

中华人民共和国成立之前，中华护士学会经历了从无到有的艰难曲折之路，饱受战乱动荡之苦，但丝毫没有停下前进的步伐。正是在这一时期，学会为中国创建护理专业打下了基础，编译了护理教科书籍，创办《护士》季报，注册了 180 所护士学校，培养了 3 万余名护士，提高了护士在国内外的社会地位，为护理学在中国的发展做出了不可磨灭的贡献。在 1964 年召开的中华护士学会第 18 届全国代表大会上，中华护士学会改名为"中华护理学会"。

（4）中国工程师学会

1912 年 1 月，詹天佑在广州约集同行，创立中华工程师会并任会长。这是中国第一个工程学术团体。同年，颜德庆、吴健在上海创立中华工学会，分别任正、副会长。当时铁路工程技术人员多集于上海，于是徐文炯等发起组织路工同人共济会。中华工学会和路工同人共济会各以本会名义，函请詹天佑担任名誉会长。詹天佑复函说，三会"所抱宗旨，均欲求工程学术之发达，与工程人才之集中，以互助精神，为国家社会服务"，倡议将三会合为一会。三会各自征求本会会员意见，均获得一致赞成，决定三会合并后定名为"中华工程师会"。1913 年 2 月 1 日，三会领导在汉口开会做出合并决议，且暂以汉口为总会会址。1913 年 8 月，三会会员在汉口召开中华工程师会成立大会，公举詹天佑为会长，颜德庆、徐文炯为副会长，周良钦等 20 人为理事，计有会员 148 人。大会拟定会章 30 条，规定宗旨为三大纲：一为制定营造制度，二为发展工程事业，三为力阐工程技术。大会还规定工作办法五则：一为出版以输学术，二为集会以通情意，三为试验以资实际，四为调查以广见闻，五为藏书以备参考。为突出学术组织的特性，中华工程师会于 1915 年 7 月更名为"中华工程师学会"。

中国工程学会 1918 年在美国成立，1923 年移归国内。学会以联络各项工程人才、提倡中国工程事业、研究工程学之应用为宗旨。由于该会与中华工程师学会的宗旨、事业与会员构成及条件日益接近，二者正式合并，组建中国工程师学会，并做出决议：以最早创建工程师团体的 1912年，为统一后的中国工程师学会创始年。

中华工程师会成立之初，便于 1912 年年终出版《报告》一册，1914

年改为《中华工程师会报》（月刊）。詹天佑亲订征文条例并个人捐助办刊五年。为统一工程名词，他还领导编成《华英工学字汇》。此外，中国工程师学会曾创办《中国工程记数录》，编有《中国名人录》，编印《钢筋混凝土》《卫生暖气工程》《工程单位精密换算表》等专业参考书。这些书刊对宣传近代工程技术知识、促进工程技术发展起到了积极的作用。

1936 年，由一部分土木工程师发起筹备成立中国土木工程学会，于 5 月 23 日在杭州举行成立大会。中国土木工程学会成立后加入中国工程师学会，成为其专门工程学会之一。截至 1948 年，中国工程师学会共计发展团体会员 129 个，先后举行十五届年会。

（5）中华医学会

1915 年 2 月，伍连德、颜福庆、刁信德等 21 位中国现代医学的开拓者聚首上海，创建了中华医学会。学会以"巩固医家友谊，尊重医德医权，普及医学卫生，联络华洋医界"为宗旨。

早在 1886 年，在中国行医传教的美国、英国等国教会医师 150 人，组织了一个名叫"中国博医会"的医学团体，出版英文的《博医会报》，并翻译欧美医学书籍。这个团体虽冠以"中国"二字，但都是外国医师参加，直到 1911 年辛亥革命后，才有少数中国医师加入。在辛亥革命影响下，爱国医师颜福庆（图 1-12）、伍连德（图 1-13）、刁信德、俞凤宾等为了维护中华民族的尊严，争取医学学术的自主，决定发起成立中国医务工作者自己的组织。1915 年 1 月，

图 1-12 中华医学会
创始人颜福庆

图 1-13 中华医学会
创始人伍连德

颜福庆等人在上海集会筹备，并趁出席中国博医会年会之机，邀集中国医学界爱国进步人士 20 余人。他们于 2 月 5 日召开会议，正式宣布成立中华医学会。会议建立了六人临时委员会，选举颜福庆为会长，并在上海设立了中华医学会会所。同年 11 月，中华医学会创办中英文并行的《中华医学杂志》，由伍连德任总编辑。

中华医学会成立后，即从正规医学院校毕业的医学生中广泛征集会员，响应者甚为踊跃。1916 年 2 月，中华医学会在上海召开第一届大会，选举伍连德为会长。此后伍连德连任两届会长。随着中华医学会组织不断扩大，会员学术水平不断提高，在国内外逐步替代中国博医会而成为当时中国医学界的代表。在这种情况下，中国博医会于 1931 年提出，愿与中华医学会合并。1932 年 4 月，中国博医会和中华医学会正式宣告合并，双方杂志亦同时合并，推选中国医师牛惠生为合并后的中华医学会第一任会长。

抗日战争时期，中华医学会扛起以医学助力抗日救亡的旗帜，积极组织医师参加各种救护活动，开展医务救济运动，服务国家抗战大局。1949年 5 月上海解放后，中华医学会率先加入上海市科学技术团体联合会。

（6）中国农学会

1917 年 1 月，农学家陈嵘、王舜成、过探先、唐昌冶、陆水范等发起成立中华农学会，草拟会章，决定"由中华民国之研究农学者组织而成，定名为中华农学会"，"以联络同志，共图中国农学之发达及农事之改进为宗旨"（图 1-14）。

图 1-14　1917 年中华农学会成立大会召开地址——江苏省教育会

在战争连绵、动乱不定、经费奇缺的情况下，中华农学会一大批青年农学家饱含热情，无惧困境，艰难地传播农业科学知识，培养农业科技人才，推广农业科学技术。1918 年，《中华农学会报》（图 1-15）创刊，直至 1948 年停刊时共出 190 期，是当时权威的学术期刊。农学会还组织出版了各种农学丛书，对推动近代中国农业科学发展发挥了积极作用。

图 1-15 《中华农学会报》

1918 年 7 月，中华农学会第一届年会在上海召开，出席会议者 20 人，此后直至 1947 年，共举办年会二十六届。1926 年，第九届年会在广州召开，毛泽东以农民运动讲习所所长身份应邀出席开幕大会并致辞。

为倡导学术研究，中华农学会设立了各类奖学金，激励和培养农学人才。奖学金从 1932 年初设，到 1948 年增至 10 余种。获奖的学生和青年学者众多，他们中的大多数后来都成为相关领域的院士和顶尖学者。中华农学会还选派大量留美农科学生，为我国农学事业的发展培养了大批专业人才。学会专家研究提出的《战时农业政策讨论纲要》等建议，对保存我国农业技术力量、发展战时农业具有深远意义。中华农学会自成立之初就积极推动国际学术互访，20 世纪 20 年代，与日本农学会每年互派代表团参观访问，与欧美各国对口的学术团体保持着交流关系。

中华人民共和国成立以后，在中华农学会的基础上，吸收中国农业科学研究社、延安中国农学会等成员，于 1950 年 11 月在北京筹备组建中国农学会。中国农学会于 1951 年 4 月正式成立，内设农、林、土壤、植物病理、昆虫、畜牧兽医等专科学会。

（7）中华林学会

1914 年，中国近代林业的开创者和奠基人之一凌道扬从美国留学归来后，深感振兴林业是中国当务之急，本着"集合同志，共谋中国森林学术及事业之发达"的宗旨，于 1917 年与多位林学先驱在上海成立了中华森林会。自此，肩负我国近代林业科学发展历史使命的首个社会团体诞生了。学会的先贤前辈深知木荒之痛，在民族危难之际，以森林救国之志振兴中华。1921年，中华森林会创办了中国第一份专业林业科学刊物《森林》（图 1-16），这对宣传近代林业科学知识、促进林业科学发展起到了推动作用。然而，当时的中国战乱频仍，民生凋敝，中华森林会活动举步维艰。1922 年，因缺乏活动经费，《森林》被迫停刊，中华森林会活动亦告终止。

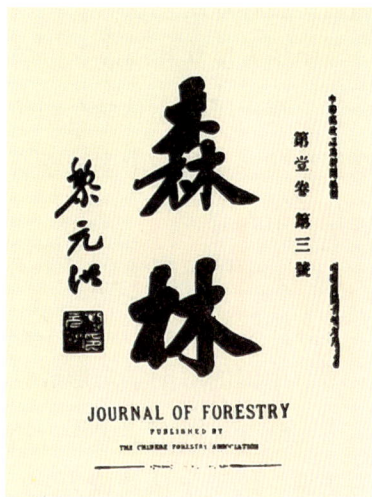

图 1-16　首份林学杂志《森林》

虽然《森林》办刊时间短暂，但仍留下很多有价值的林业文献资料。凌道扬、陈嵘、李顺卿、李代芳等都曾在《森林》上发表文章，为我国林业建设和教育建言献策。中华森林会的先贤前辈也并未因学会活动停止而放弃振兴林业的梦想。1928 年 5 月，姚传法等数十人集会南京，在召开了三次筹备会后，同年 8 月 4 日，正式恢复森林会组织，改名为"中华林学会"，姚传法任理事长。

在这一时期，中华林学会坚持科学救国、革新图强的办会初心，召开多次年会，并投身于林业宣传。1930 年，农矿部成立首都造林运动委员会，印发了陈嵘、凌道扬、姚传法等编写的造林宣传小册子，向群众进行造林宣传。次年 10 月，酝酿了一年多的《林学》正式出版，对促进当时林学的发展具有重要意义。与此同时，中华林学会开始"走出去"，参与国际学术交流活动。1930 年 4 月，中华林学会派代表赴东京参加日本农学会年会特别扩大会并作演讲，这是中华林学会首次参与国际学术交流活动。1932 年，凌道扬代表中国赴加拿大出席泛太平洋科学协会第五次会议，并当选协会林业组主任。

中华人民共和国成立以后，1951 年，陈嵘、沈鹏飞等在全国林业工作会议上提出了重建林学会组织的倡议，并得到与会代表一致赞同。林学会恢复重建，定名为中国林学会，中华人民共和国林垦部首任部长梁希任第一任理事长。

（8）中国解剖学会

人体解剖学是一门古老而又具有强大生命力的科学。但受封建礼教的束缚，中国的解剖学未形成独立体系。19 世纪中叶，西医传入中国，医学堂中逐渐开设解剖学课程。1894 年，北洋医学堂在天津成立，设置解剖学为正课，解剖学从此成为一门独立的学科。1920 年 2 月 26 日，借中华医学会和中国博医会在北京联合召开第三次大会之机，中国解剖学与人类学学会在北京协和医学院解剖学实验室正式成立，成为我国早期成立的基础医学专业学术团体之一。考德瑞（E. V. Cowdry）当选理事长。

民国初期，军阀混战，学会的各种活动亦难开展。抗日战争胜利前夕，中国科学社于 1943 年在重庆举行会议时，王有琪、卢于道和王仲桥等人再次聚议解剖学会事宜，但由于诸多原因，未能实现学会活动的重启。直到 1947 年 6 月 25 日，中国科学社在上海医学院（今复旦大学上海医学院）重新组建中国解剖学会筹委会，选举产生了新的理事会，卢于道任理事长，并召开了学术交流会。中华人民共和国成立后，中国解剖学会从上海迁至北京。1952 年，中国解剖学会在北京召开第一届全国会员代表大会，马文昭被推选为理事长。

（9）中华心理学会

1921 年 8 月，陈鹤琴、陆志韦、张耀翔等在南京发起成立中华心理学会，张耀翔为首任会长，总会及编辑股办事处设在北京。1922 年 1 月，中华心理学会出版了中国第一种心理学杂志《心理》。《心理》杂志在国内外享有一定声誉，共出版 14 期，发表论文 163 篇。张耀翔先后在该杂志上发表了《智慧之定义及其范围》《注意测验》《人生第一记忆》《商人心理试验》等 29 篇文章，对中国心理学传播起到了促进作用。1927 年，因学会经济困难、时局不宁，《心理》停刊，中华心理学会随之没有任何活动。

1937 年 1 月，由陆志韦发起组织了中国心理学会，创办会刊《中国心理学报》，曾被当时赞为"替我国的心理学界放一异彩"。不久，抗日战争全面爆发，中国心理学会的活动和刊物出版都被迫停止。中华人民共和国成立后，中国心理学会于 1950 年重新筹备，1953 年正式成立。

（10）20 世纪 30 年代兴起的其他专业科技社团

进入 20 世纪 30 年代，大批新的专业科技社团次第而生，为中国科技社团的发展注入了新的活力。

1932 年 8 月，夏元瑮、李书华、叶企孙、丁燮林、吴有训、严济慈、萨本栋、周培源、梅贻琦等物理界同人在北京发起创立中国物理学会（图 1–17）。中国物理学会首任会长为李书华，副会长为叶企孙，秘书为吴有训，会计为萨本栋。1933 年 1 月，国际纯粹物理和应用物理联合会接纳中国物理学会为会员。10 月，《中国物理学报》第一卷第一期在上海出版。

几乎与中国物理学会的创办同时，吴承洛、李方训、邵家麟、曾昭抡等化学家在南京发起创立中国化学会，旨在共同为发展中国化学科学教育事业、为抗日救国贡献自己的力量。中国化学会 1936 年开始刊行《化学通讯》。

图 1-17　20 世纪 30 年代中国物理学会学者在清华大学科学馆前留影

　　1933 年 8 月，胡先骕、李继侗、张景钺、钱崇澍、陈焕镛、陈嵘等 19 名植物学家在重庆发起成立中国植物学会，钱崇澍为第一任会长、陈焕镛为副会长，出版发行《中国植物学杂志》，胡先骕为总编辑。

　　1934 年 8 月 23 日，著名动物学家秉志等人在江西庐山发起创立中国动物学会，会址初设在南京博物馆，后改在位于上海的中央研究院动物研究所，秉志当选为第一任理事长。1935 年，中国动物学会创办学术刊物《中国动物学杂志》，秉志任总编辑。

　　1934 年，李熙谋、杨耀德、王国松、曹凤山、胡汝鼎等与国内同行一起，发起成立中国电机工程师学会（图 1-18），李熙谋任首任会长。中国电机工程师学会是中国当时电机工程界唯一的民间学术团体。学会以"联络电工同志，研究电工学术，协力发展中国电工事业"为宗旨。《电工》杂志为学会会刊，是我国第一种电工学术刊物。

　　1935 年 7 月，苏步青、姜立夫等在上海发起创办中国数学会。中国数学会创办有学术期刊《中国数学会学报》与普及性刊物《数学杂志》。

■ 中国电机工程师学会成立大会部分代表合影（1934年）
丁佐成　杨耀德　曹凤山　钟兆琳　胡瑞祥　张承佑　李开第　杨肇燫　寿俊良（后排）
方子卫　恽祖卫　诸葛恂　包可永　金龙章　邹宗暭　范涛康　赵曾珏（中排）
沈朗芳　张惠康　庄仲文　袁维裕　张廷金　李熙谋　陈良辅　徐东仁　周玉坤（前排）

图 1-18　中国电机工程师学会成立大会部分代表合影

1.3　抗日战争时期的中国科技社团

1931 年 9 月 18 日，日本侵略者悍然进攻沈阳，"九一八"事变爆发，东北沦陷。1932 年 1 月 28 日，侵华日军分三路南下进逼上海，淞沪抗战爆发。1935 年，华北事变爆发。1937 年 7 月 7 日，日军在北平西南的宛平县城挑起卢沟桥事变，抗日战争全面爆发，中国军民奋起抵抗。中国共产党团结一切可以团结的力量，带领中国人民掀起了全民族抗战的高潮。尽管社团活动因战争破坏和物资极度匮乏而受限，然而，面对日本侵略者步步紧逼，中国科技社团从未放弃科学救国的理想。它们积极响应号召，团结一切力量，又一次站在抗击侵略、救国救亡的前列，书生报国，何遑多让！

1.3.1　国民党统治区的科技社团

在战火中，为保持民族气节，拒绝与日本人合作，也为了保留知识的火种，国民党统治区的中国科技社团开始大规模西迁，社团活动面临大规模阻滞和停顿。在民族危亡之际，它们开始由根据自身兴趣进行学术研究转向兼顾科学与国家利益，竭尽所能利用自身专业知识为抗战服务。

"九一八"事变爆发之后，中华自然科学社立即着手组织设立军事科学研究会，参加南京的各项反日运动，赵宗燠还积极组织学生义勇军。

1936 年 8 月，中国科学社与中国数学会、中国物理学会、中国化学会、中国动物学会、中国植物学会、中国地理学会在清华大学和燕京大学举行七团体联合年会，组织会员抗议日本帝国主义侵占我国东北领土。中华医学会在第十六次大会宣言中疾呼："我医界同人，实不容再有徘徊瞻顾趑趄不前之余地。我人自当剑及屦及，勇往迈进，以能服务前线为我浴血将士解其苦痛，为无上之光荣，为应有之天职。此种为国家，为民族，果敢牺牲之作为，应为此后我同人所必须具备之精神。"

随着抗日战争的全面爆发，中华医学会、中国生理学会立即义无反顾地投入抗日救亡运动。

1932 年"一·二八"事变后，曾任中华医学会首任会长的颜福庆组织学会会员参加救护队，并建立起中国红十字会第一伤兵医院，先后救治伤病员 252 名。1937 年，卢沟桥事变爆发后，中华医学会北平分会立即行动，紧急讨论前线伤员的救护办法。方石珊等人开始筹备救护箱，林宗扬约请方石珊、全绍清等人商榷借东大地戒烟医院组织一所能收容 500 人的红十字临时救护院。同年，日军又在上海发动"八一三"事变，位于上海的中华医学会总会立即组织会员参加各种救护队伍，并发起医务救济捐款运动。仅仅半个月后，总会筹组的中华医学会疗病院开始接收伤病员。为保障滇缅公路这条中国抗战生命线的医疗需求，1939 年 8 月 25 日，中华医学会滇缅公路支会成立，会所设于云南芒市滇缅公路管理局（后改设保山）。许多中华医学会会员主动到公路沿线从事医疗工作，直接服务于滇缅公路，为抗战保障贡献了重要力量。支会成立时，登记会员 57 名；

1939 年年底，滇缅公路支会报告散处云南西部的医生有 65 人，服务于 35 处医务机关。

　　与中华医学会一样，中国生理学会也始终奋战在抗战前线。卢沟桥事变爆发后，中国生理学会首任会长林可胜（图 1-19）在武汉组织中国红十字会救护总队，并着手对现有的医疗队进行改编。从 1937 年 12 月 6 日到 31 日的短短 26 天之内，救护总队就组织 606 人，组成医疗队、医护队、X 光队共 37 队，分派华北、华中、华南，为近两万

图 1-19　中国现代生理学奠基人、中华生理学会首任会长林可胜

人提供了医疗救护。当时《新华日报》称赞改编后的医疗队说："此种医疗队技术及医疗器械俱极优良，人数少而移动方便，男女分队工作，前后方支配适当，经济而易于举办。"由于战局不利，1939 年春，救护总队迁至贵阳东南郊群山环抱的图云关。在林可胜的苦心经营下，到 1940 年前后，医务队扩充至 114 队，医护工作人员达 3420 人。图云关成为全国抗战救护的中心（图 1-20）。林可胜曾派遣救护队前往延安，并为八路军、

图 1-20　中国红十字会救护总队图云关旧址

新四军运送过大量药品、器材。同时，林可胜公开赞同抗日民族统一战线，救护总队内不分党派，团结抗日。

1.3.2 中国共产党领导下的科技社团

在中国共产党领导的抗日根据地内，一批新的科学技术团体如雨后春笋般诞生，在战争的阴霾中点燃了希望的火种。这些科技社团为根据地内经济的发展和民众科学文化素质的提高做出了突出贡献，有力地支持了抗战。

有别于国民党统治区的科技社团，抗日战争时期中国共产党领导的科技社团是在以革命战争为中心的环境中开展活动的，其宗旨和任务较常规的科技社团又增添了新内容。"科技社团除要加强与边区一切具有专门知识的科技人员联系和进行科学技术的普及工作外，还需要在建设和壮大革命政权、发展经济上发挥功能。"① 这些科技社团虽然并不完全是现代意义上的学术团体，但是在特殊的历史环境下，团结和集训了一大批知识分子特别是科技工作者，指导和示范了中国共产党领导下科技社团的组织模式，有效地开展了各式各样的科技活动，充分发挥了根据地仅有的几百名科技人员的才能，创造出一个个不可思议的奇迹，极大地促进了根据地内经济的发展和民众科学文化素质的提高，直接和间接地支持了抗日战争，为挽救中华民族的危亡贡献了力量。

据不完全统计，这一时期中国共产党领导下的科技社团一共有40个②，如边区国防科学社、陕甘宁边区自然科学研究会、晋察冀边区自然科学界协会，等等。这些科技社团均在科学研究、科技教育及科学普及方面

---

① 杨文志.现代科技社团概论［M］.北京：科学普及出版社，2006：31.

② 万立明.论抗日根据地科技社团的发展及其作用［J］.自然辩证法研究，2012，28（1）：74–75.

切实做了很多工作。

1935 年，中央红军经过长征到达陕北。边区 150 万人口中，99% 是文盲，文化素质低下是边区的综合性历史背景。要改变这一面貌，就必须普及科学知识，对民众进行科技启蒙教育。在中共中央和边区政府的鼓励与支持下，一批科技教育机构和科技社团陆续在陕甘宁、晋察冀等解放区建立起来，肩负起了这一重要责任。其中，在以延安为中心的陕甘宁边区，成立了 20 多个科技社团。

（1）边区国防科学社

1938 年 2 月 6 日，董纯才（图 1-21）、高士其（图 1-22）、陈康白、李世俊等 20 多名科学青年聚集在陕北公学的大礼堂，组织成立了中国共产党领导下的解放区内第一个科技社团——边区国防科学社。边区国防科学社提出了宗旨和任务。其宗旨是：一方面要研究和发展国防科学，一方面要增进大众的科学常识。其任务是：第一，它要在新哲学的基础上研究国防科学的理论与实施；第二，它要协助国防工业的建设，指导农业的改良和进行医药材料的供给；第三，它要教育民众，普及国防科学的常识，包括防空、防毒、防疫等。边区国防科学社对边区民众国防知识的普及起到了一定的作用。

（2）陕甘宁边区自然科学研究会

1940 年 2 月 5 日，陕甘宁边区自然科学研究会在延安召开了成立大会，毛泽东、陈云出

图 1-21 边区国防科学社主要发起人之一董纯才

图 1-22 边区国防科学社主要发起人之一高士其

席并讲话。研究会驻会干事会由屈伯传、于光远、武衡、阎沛霖、李苏、力一组成，吴玉章为会长。1941 年 8 月，自然科学研究会举行第一届年会以后，根据提案，开始组建各种专业学会及地方分会。从 1941 年 10 月开始，自然科学研究会陆续成立了地矿、机电、化工、军工、冶炼、生物、医药、航空、土木、数理十个专业学会，成立了绥德、关中、米脂等多个县级以上的地方分会。自然科学研究会的任务主要是开展自然科学大众化运动，进行自然科学理论与应用上的探讨，进行自然科学与社会科学的统一研究，联系和团结全国自然科学界，并负责《解放日报》科学副刊《科学园地》的出版。

（3）陕甘宁边区中国农学会

1941 年 2 月，陕甘宁边区中国农学会由乐天宇、李世俊、陈凌风、方悴农等共同发起成立。学会以研究农业学术、普及农业知识、辅成新民主主义的农业建设为宗旨，规定每两周举行一次学术讨论会，以报告有关边区农业及学术的各种专门问题（图 1-23）。当时参加农学会的有吴力永、

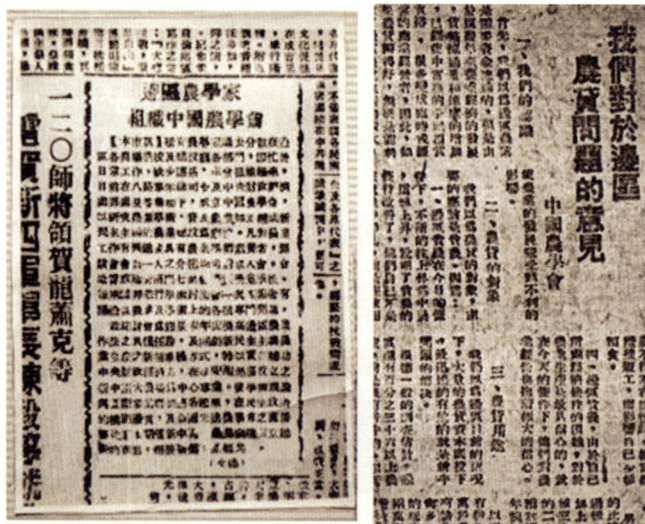

图 1-23　1941 年 10 月 2 日《解放日报》报道中国农学会

王荫圃、唐川、朱明凯、丁景才、林山、达时、徐矾、康迪、郑重、奚康敏、康健如、贾江心、孙德山、甘露、汪涛、章伯森、姚绍农、徐纬英、彭尔宁等 30 余人。乐天宇为首届主任委员，陈凌风负责宣传，方悴农为组织委员。会址设在边区农业学校，农业学校和自然科学院的学生也参加农学会的有关活动。

（4）陕甘宁边区医药学会

1941 年 9 月，陕甘宁边区医药学会成立，推选林伯渠为会长，金茂岳为副会长，傅连璋、鲁之俊、马海德、黄树则等 9 人为干事。主要任务为：加强边区地方性疾病研究，进行边区医务人员的调查，从事卫生宣传教育工作，从事营养研究，开展中药研究，建立医药图书馆，有计划地进行在职医务干部的理论学习，等等。

（5）陕甘宁边区中西医药研究会

1945 年 3 月，陕甘宁边区中西医药研究会成立，林伯渠、李鼎铭主持大会。该会由 35 人组成执行委员会，李鼎铭、刘景范、傅连璋、苏井观、鲁之俊、毛治邦、李治、李志中、陈凌风、毕光斗、李常春、裴慈云、匡云鹏 13 人为常委，李鼎铭任会长，刘景范为副会长，并聘国际友人傅莱、阿洛夫、米勒、山田、方禹镛为顾问。该会的任务和目的在于团结边区中西医人员，实行中西医合作，协助政府调查研究，帮助卫生行政机关和卫生技术机关解决有关人畜卫生医药的问题。

（6）晋察冀边区自然科学界协会

1942 年 6 月 10 日，晋察冀边区自然科学界协会由成仿吾、童大林等人发起成立。协会以"团结全边区自然科学家与自然科学工作者，开展自然科学的工作为抗战建国服务"为宗旨，分设工学会（以边区政府工矿局和军区工业企业为骨干）、农业会（以边区政府农林局和各农业实验场为骨干）、医学会（以军区卫生部、白求恩学校、国际和平医院分院和中西医团体为骨干）、电学会（以军区无线电大队为骨干）。各学会分别选举理事组成理事会，推进本学会的工作。学会每年开代表大会一次，开全体会议两次。学会经费由会费开支，不足由边区政府补助。1943 年 7 月 19—23 日，召开会员代表大会，听取工作和学术报告，并选举第二届理事会。出席会议的有协会代表 17 人，协会及各学会理事 12 人，政府和各界人士 15 人，与会者共计 44 人。学会于 1946 年 3 月致电全国科学界，提出关于"全国科学建设的意见"。

（7）中国科学工作者协会

除了在根据地创建科技社团，中国共产党还在国民党统治区内成立科技社团以团结和联络科技工作者。1939 年春，在周恩来和重庆新华日报社社长潘梓年的领导下，召开了自然科学座谈会，成员以化名在《新华日报》发表文章。经常参加活动的有潘菽、梁希、金善宝、干铎和谢立惠等。

中国科学工作者协会是 1949 年倡议召开中华全国自然科学工作者代表会议的四个团体之一。1944 年，周恩来指示新华日报社负责人指导和协助自然科学座谈会成员，团结更多科技工作者和教育工作者，组织范围较为广泛的、公开的自然科学团体。1944 年年底，自然科学座谈会拟定《组织中国科学工作者协会缘起》，并分头争取国民党统治区各大城市的科技工作者参加，周恩来也亲自动员著名科学家参加，这样在不长时间内即得到包括许多著名科学家在内的 111 人的赞成，发起组织中国科学工作者协会。1945 年 3 月 15 日，中国科学工作者协会筹备大会在重庆召开，到会发起人有 30 余人。1945 年 7 月 1 日，中国科学工作者协会在当时位于重庆沙坪坝的国立中央大学召开成立大会。理事长为竺可桢，常务监事为李四光，总干事为涂长望。中国科学工作者协会编辑的刊物有《科学新闻》和《科学工作者》等。不仅如此，中国科学工作者协会成立后，联合英国、美国、法国、加拿大等国的科技工作者协会，共同筹备成立世界科学工作者协会（简称"世界科协"）。1946 年 7 月，世界科协在伦敦召开成立大会，涂长望代表中国科学工作者协会出席大会。中国科学工作者协会成为世界科协的一员，涂长望被选为世界科协远东地区代表理事。[①]

时至 1949 年中华人民共和国成立前夕，中国的科技社团已经出现了联合趋势。旧时代的乌云行将散去，一个全新的时代呼之欲出，在战火中饱经离乱的中国科技社团即将掀开崭新的历史篇章。

---

① 柯遵科，李斌. 中国科学社的兴亡——以《科学》杂志为线索的考察 [J]. 自然辩证法通讯，2016，38（3）：21-33.

中华人民共和国成立初期的
中国科技社团

1949 年中华人民共和国成立，万象更新，中国科技社团在这一片崭新天地里由各自独立走向团结一致。在中国共产党的领导下，中国科技社团满怀热忱地踏上了科技为人民服务的新征程。面对中华人民共和国成立之初一穷二白、百废待兴的局面，科技社团心系祖国建设与人民幸福，艰难求索，迎难而上。铁肩担重任，为人民服务，向科学进军。

2.1 走向团结，建设国家

1949 年 4 月 23 日，人民解放军解放南京，科技界人士欣欣鼓舞。在这一形势下，为响应中共中央发布的"五一口号"中关于"各民主党派、各人民团体、各社会贤达迅速召开政治协商会议，讨论并实现召集人民代表大会，成立民主联合政府"的号召，中国科学工作者协会香港分会首先倡议召开全国科学会议并建立全国科学工作者组织，得到了中国科学工作

者协会北平理事会和北平科技界的一致赞同，同时得到中共中央统一战线
工作部的支持和鼓励。

2.1.1 中华全国自然科学工作者代表会议

1949年5月14日，中华全国自然科学工作者代表会议（以下简称"科代会"）第一次筹备会在北京饭店召开，讨论如何促成科技界这场史无前例的盛会。会议决定以中国科学社、中华自然科学社、中国科学工作者协会和东北自然科学研究会的名义发起，邀请各方成立科代会的筹备委员会及筹备委员会的促进会，并公推严济慈、袁翰青、潘菽、夏康农、沈其益、卢于道、涂长望等人为促进会临时常务干事，严济慈为干事会召集人，涂长望为总干事。促进会成立后，连续召开四次会议，磋商科代会的基本任务、科代会筹备委员会简章、科代会筹备委员会代表的推选及邀请办法等（图2-1）。

（本照片由中国科学院史资料室据黄宗甄先生藏件翻拍提供）

图2-1 中华全国第一次自然科学工作者代表会议筹备委员会留影

经过促进会紧锣密鼓的推进，6月10日，中国科学工作者协会与中华自然科学社、中国科学社、东北自然科学研究会共同出面发起举行"中华全国第一次科学会议"的倡议。6月19日，科代会筹备委员会第一次会议在北平的中国工程师学会会所召开，中国人民解放军总司令朱德、中华全国总工会主席陈云和中共中央委员林伯渠出席会议并发表讲话。

7月13日，科代会筹备委员会的全体会议继续在北平原中法大学礼堂举行。到会的除了筹备委员会中的285名委员，还有党政领导、各民主党派代表、各界人士和新闻记者等近百人。吴玉章致开幕辞，中国人民革命军事委员会副主席周恩来作了演讲，阐述了政治与自然科学、自然科学的理论与实践、普及与提高的关系，以及自然科学工作者代表大会的组织和计划等问题。与会代表一致表达了科技界对新政权的拥护和对科学转向人民的支持态度，并代表自然科学界选出参加中国人民政治协商会议的正式代表梁希、李四光、侯德榜、贺诚、茅以升、曾昭抡、刘鼎、严济慈、姚克方、恽子强、涂长望、乐天宇、丁瓒、蔡邦华、李宗恩15人和候补代表靳树梁、沈其益2人。[①]

会议最后由梁希和吴玉章致闭幕词，号召自然科学工作者"组织起来，团结起来，更好地把我们的智慧贡献给人民，造福于人民，全心全意为人民服务"。

1949年9月，全国政协通过了《中国人民政治协商会议共同纲领》，明确规定："努力发展自然科学，以服务于工业农业和国防建设。奖励科学的发现和发明，普及科学知识。"根据这一纲领，又经过了将近一年的筹备工作，1950年8月18日，中华全国自然科学工作者代表会议在北京

---

① 何志平，尹恭成，张小梅. 中国科学技术团体［M］.上海：上海科学普及出版社，1990：17-21.

的清华大学礼堂开幕。会议于 8 月 24 日闭幕，历时七天。参加这次会议的，有中央人民政府有关科学机构、人民解放军和人民革命军事委员会所属科学机构、各地区、兄弟民族以及筹备会常务委员会的代表共 469 人（图 2-2）。中央人民政府副主席朱德、李济深和政务院总理周恩来、副总理黄炎培等出席了开幕式，并先后在会上发表了重要讲话。中央人民政府主席毛泽东在中南海接见了全体代表。

图 2-2　1950 年 8 月中华全国自然科学工作者代表会议与会人员合影（局部）

会议经过充分讨论，决定成立中华全国自然科学专门学会联合会（简称"全国科联"）和中华全国科学技术普及协会（简称"全国科普"）两个全国性科技社团，选举出各由 50 名委员组成的全国委员会，选举李四光为全国科联主席、梁希为全国科普主席，并一致推举吴玉章为全国科联和全国科普名誉主席。

1950 年 8 月 22 日，会议通过了《中华全国自然科学专门学会联合会暂行组织方案要点》和《中华全国科学技术普及协会暂行组织方案要点》，包括名称、宗旨、任务、会员、组织、附则等部分。可以说，在全国科联和全国科普刚刚成立，尚未制定章程之时，该组织方案要点起到了类似章程的作用，对规范全国科联和全国科普的工作是不可或缺的。

《中华全国自然科学专门学会联合会暂行组织方案要点》规定：全国科联"以联合全国自然科学专门学会，推动学术研究，以促进新民主主义的经济建设、文化建设与国防建设为宗旨"。其任务是：

（1）促进各专门学会之组织，并领导其工作之进行；

（2）从事于各专门学会间之联系；

（3）从事于各专门学会与政府有关业务部门之联系；

（4）促进国际学术交流。

《中华全国科学技术普及协会暂行组织方案要点》规定：全国科普"以普及自然科学知识，提高人民科学技术水平为宗旨"。全国科普的任务是：组织会员，通过讲演、展览、出版及其他方法，进行自然科学的宣传，以期达到下列目的：

（1）使劳动人民确实掌握科学的生产技术，促使生产方法科学化，在新民主主义的经济建设中发挥力量；

（2）以正确的观点解释自然现象与科学技术的成就，肃清迷信思想；

（3）宣扬我国劳动人民对于科学技术的发明创造，借以在人民中培养新爱国主义精神；

（4）普及医药卫生知识，以保证人民的健康。

在这次中国科技界划时代的盛会之后，致力于"推动学术研究"和"普及自然科学知识"的两个新型全国性科技社团诞生了，中国科技界实现空前团结。[①] 在这一背景下，中国科学社、中华自然科学社、中华学艺社等综合性科技社团不久后相继宣告停办，融入全国科联和全国科普的组织之中。1951年，作为民国时期中国科技界领袖的中国科学社将《科学》杂志交全国科联主办；1953年，《科学画报》交上海市科普协会主办；

---

① 沈其益，等.中国科学技术协会［M］.北京：当代中国出版社，1994：28–29.

1956年，明复图书馆交上海市文化局接管，改为上海科技图书馆；同年，中国科学社下属的中国科学图书仪器公司交中国科学院和上海科技出版社接管。1958年，上海科技图书馆并入上海图书馆。1960年9月，在将中国科学社的房屋、财产、书籍和设备等全部捐献给政府后，任鸿隽写下《中国科学社社史简述》一文，他说："中国科学社作为一个私人组织的学术团体，开始组织时，是以英国皇家学会为楷模的……中国科学社在参加了这次会议之后，认识到人民政府对于科学事业的重视，此后的工作，已经成为国家的事业，前途无限光明，无须私人组织来越俎代庖。"[①]1951年4月10日，中华自然科学社召开了最后一次大会，会上发表了《结束社务宣言》。《科学世界》随即移交给全国科联，与中国科学社出版的《科学》合并出刊，定名为《自然科学》。

从此，中国的科技社团在中国共产党的领导下获得了新生命，开启了理论联系实际、科学为人民服务的新纪元。

2.1.2 全国科联与全国科普活动的全面开展

1950年10月7日，全国科联一届一次常委会议召开，通过了《中华人民共和国全国自然科学专门学会联合会暂行会章》，将"提高生产技术"作为科联的基本宗旨之一，号召全国自然科学专家保证政府经济文教政策之执行。会章的通过标志着中国的科技社团与人民政府密切合作，为经济建设服务，这也成为此后中国科技社团发展的基本方向。在这一基本方向的指引下，全国科联围绕着开展科技社团交流、为社会主义建设和国民经济"一五"计划服务、积极贯彻"百家争鸣"方针、推动学术活动与生产

---

① 柯遵科，李斌.中国科学社的兴亡——以《科学》杂志为线索的考察[J].自然辩证法通讯，2016，38（3）：21-33.

实践紧密结合的主要任务，展开了大量工作。全国科联广泛团结全国的科技工作者，积极参加一系列社会改革运动和抗美援朝运动。同时加强学术活动和国际联络，号召科技工作者协助生产部门解决实际问题，力求科学研究与生产实践相结合。

大力发展专门科技社团（即全国学会）是中华人民共和国成立以后科技社团发展的主要方向。吸纳专门科技社团为会员是全国科联的基本组织制度。1950 年 12 月 9 日，全国科联一届四次常委会通过《会员学会通则》，进一步明确了各专门科技社团必须为全国性及学术性的专门科学团体。全国科联根据这一规定和《社会团体登记暂行办法》，对 1949 年之前即已存在的科技社团进行了接收、改组和整合，并在此基础上不断扩大组织，广泛吸纳新会员，从 1950 年的 19 个科技社团、3 个科联分会、1.7 万名科技社团会员，发展到 1957 年年底的 42 个科技社团、35 个科联分会、758 个科技社团分会、9.25 万名科技社团会员。与此同时，遵照周恩来总理在科代会上的提议，全国科联成立后即着手对全国科技人员进行调查统计。1952—1958 年，全国科联重点在北京试办科技人员专长调查，整理了 6000 余人的专长卡片，为有关部门后续进行全国性专长调查工作提供了初步的数据支持。[①]

为增进全国科联及科技界同世界的联系，增强国际影响力，全国科联积极开展国际交流活动，促进国际学术交流。全国科联作为世界科协的团体会员，自 1951 年起，即派遣代表参加世界科协全体大会和执行理事会。1951 年 4 月，全国科联派出以梁希为首席代表的中国代表团出席在捷克斯洛伐克首都布拉格举行的世界科协第二届全体大会，全国科联主席李四光被增选为世界科协副主席。全国科联还先后接待了苏联、英国、印度、日

---

① 沈其益，等. 中国科学技术协会 [M]. 北京：当代中国出版社，1994：32.

本、民主德国、匈牙利、保加利亚、波兰、墨西哥等国的科学家，并同他们举行了学术会议。1956 年 4 月，全国科联承办了世界科协成立十周年纪念大会，17 个国家的 1400 多名科学工作者会聚北京，同时召开了世界科协第十六届理事会，周恩来总理设宴招待了参会的世界科协第十六届执行理事会理事和各国观察员一行。

与全国科联一道，全国科普成立之后也为中国科技事业，特别是科普事业的发展做了大量工作。党中央对科普工作高度重视，在 1953 年 4 月发布了《关于加强对科学技术普及协会工作领导的指示》，规定："全国科普总会的主要党员负责干部，参加中共中国科学院党组，其工作方针及政治领导由中共中央宣传部科学卫生处负责。各地科普分会在政治上由各地中共委员会宣传部负责领导，在行政上由各级政府文委或文教部门管理。中共各中央局、分局、省委及大城市市委的宣传部应有专人来管科普分会的工作。"在这一文件精神的指导下，全国科普按照"一面筹建组织，一面开展宣传工作"的方针，首先在全国各省、自治区、直辖市设立分会筹备机构，同时开展科学技术的普及活动。1951 年 11 月，全国科普举行第一次全国工作会议，有力地推动了科普组织和科普活动的发展。会议闭幕时，全体代表向毛泽东呈送了报告，总结了全国科普一年来的工作成绩，表达了要继续围绕科学宣传的中心任务开展工作，为提高劳动人民的科学技术水平而奋斗的决心。按照"整顿巩固、重点发展、保证质量、稳步前进"的文化工作方针，1956 年 10 月，全国科普与全国总工会在北京联合召开全国第一次职工科学技术普及工作积极分子大会。这次大会进一步明确了科学技术普及工作必须密切结合生产、结合实际和结合群众思想情况来进行，贯彻"小型多样、通俗易懂、生动活泼、吸引自愿"的原则。会议将中华人民共和国成立初期的科普工作推向了一个高潮。毛泽东、朱德、邓小平等党和国家领导人在中南海接见了全体参会代表。国务院副总理李富春代表党和政府发表了重要讲话。《人民日报》《光明日报》等为这次大会发表了 15 篇社论，做了大量深入的宣传报道。1950—1958 年，全国科普积极建立地方与基层科普组织，在各省、自治区、直辖市成立省级科普协会组织 27 个，一般县市建立科普组织近 2000 个；至 1958 年 6 月底，建立基层组织 4.6 万余个，发展会员、宣传员 102.7 万人，形成了一支具有相当规模的科普队伍。在加强队伍建设的同时，科普事业也取得了长足进步。全国科普在全国范围内开展科普演讲 7200 余万次，举办大小科普展览 17 万次，放映电影、幻灯片 13 万次，紧密围绕工农业生产开展科技普及。全国科普还成立了科学普及出版社等机构。截至 1958 年年底，全国出版了通俗性科学期刊《科学大众》《科学画报》《天文爱好者》《学科学》《科学普及资料汇编》和《知识就是力量》（图 2-3）6 种，地方性通俗科学报刊 32 种，出版科普资料 29.9 万种，发行 6300 万份，还编制了大量生动形象的科

图 2-3 《知识就是力量》
创刊号

普箱、挂图、幻灯片等。1957 年，全国科普建成北京天文馆，向人民群众普及天文知识，有些地方协会设立了科学技术宣传馆。①

2.1.3　全国科联和全国科普领导下的全国专业科技社团活动

全国科联和全国科普成立以后，一批早在民国时期即已建立的科技社团在全国科联的帮助下进行了整顿和改造，并踊跃登记加入全国科联。1950—1952 年，16 个成立于民国时期

① 何志平，尹恭成，张小梅. 中国科学技术团体［M］. 上海：上海科学普及出版社，1990：617-618.

的专门科技社团相继完成了改组，如中国数学会、中国物理学会、中国化学会、中国天文学会、中国地理学会、中国地质学会、中国动物学会、中国古生物学会、中华医学会等。随后，一些处于停滞状态的科技社团也在全国科联的大力协助下相继恢复了工作，一些没有学会组织的学科和技术领域的科技工作者也纷纷要求建立相应的科技社团。至1956年下半年，中国土木工程学会、中国纺织工程学会、中国建筑学会、中国土壤学会、中国畜牧兽医学会、中国植物学会、中国病理生理学会等相继恢复或建立。中国金属学会、中国水利学会、中国电子学会、中国电机工程学会①等也成立了筹备机构。学会的活动随之进入一个新的历史时期。②科技社团的全体科技工作者积极响应"科学为人民服务"的号召，积极开展工作，参加各种活动，铆足干劲为社会主义建设贡献力量。

（1）配合抗美援朝运动

1950年10月，中国人民志愿军赴朝作战，抗美援朝运动随之拉开序幕。为配合抗美援朝运动，全国科普和全国科联在11月4日发表了《抗美援朝宣言》，号召全国理、工、农、医各方面科技工作者团结起来，为祖国服务。全国学会群起响应，根据自身性质和特点为抗美援朝运动贡献力量。

中国药学会于1951年7月7日发出通知，号召药学工作者积极参加抗美援朝运动，为保证前方药品供应、打败美帝国主义而斗争，各地分会纷纷响应。中华护理学会副理事长王琇瑛在抗美援朝期间亲率第一支护士

---

① 1956年5月，全国科技规划会议决定按照学科分类，将原有的中国电机工程学会分为两个学会，即中国电子学会和中国电机工程学会，并分别成立筹备委员会。

② 沈其益，等.中国科学技术协会［M］.北京：当代中国出版社，1994：34.

教学队奔赴沈阳后方医院培训护士长，并到鸭绿江边考察战场救护工作。中华医学会创始人之一、首任理事长颜福庆担任上海市抗美援朝志愿医疗手术队的组织领导工作，积极广泛地动员医药卫生人员响应中国共产党的号召，参加医疗手术队，奔赴前线（图2-4）。在中华医学会上海分会的组织下，上海医学院各附属医院先后组织了三批志愿医疗队，参加的人员共200余人。颜福庆当时虽已七十高龄，但仍参加了慰问团，亲赴东北慰问志愿军。中华医学会上海分会会长苏祖斐也亲自加入了上海第三批抗美援朝志愿医疗队伍，并负责具体筹备事宜（图2-5）。中国解剖学会理事长张鋆作为慰问团第一分团团长赴朝慰问。他除了支援志愿军购买飞机大炮，还积极组织解剖学系的工作人员制作教学用的组织切片出售，并将全部收入捐给国家。

图2-4　中国药学会参加抗美援朝运动

图2-5　上海第三批抗美援朝志愿医疗队筹备小组合影，后排右一为中华医学会上海分会会长苏祖斐

　　1952年2月，美国在朝鲜战场发动细菌战。1952年3月20日，《健康报》头版刊登文章，题为《中华医学会细菌战防御专门委员会举行扩大会议，傅连暲理事长号召全国医药卫生工作者更加积极地走上反对美帝细菌战的最前线》，号召全国医药卫生工作者投入反对细菌战的研究和

宣传中（图2-6）。中华医学会上海分会还组织了一支防疫检验队，参加反细菌战。除了医药卫生领域的学会，中国植物学会也积极投入反对美国发动细菌战的研究工作。经中国植物学会会长胡先骕鉴定，美国侵略者投下的沾有病菌的松树枝叶等的相关植物均分布于韩国，而不是分布在中国东北和朝鲜北部。由于在这项工作中成绩卓著，胡先骕在第二届全国卫生会议上荣获卫生模范奖状和奖章。

（2）学术交流活动恢复与发展

在全国科联的支持和指导下，科技社团开展了大量学术交流工作，如召开学术会议、创办学报和通报等，有力地促进了

图 2-6 《健康报》刊登中华医学会理事长号召医务工作者参加反细菌战运动的文章

中国科技事业的恢复与发展。八年间，全国科联及所属科技社团举行了100多次全国性学术会议，近万名会员参加；全国科联各地分会举办学术活动1.5万余次。①

作为联系全体会员和开展学术交流的重要渠道，科技社团的全国代表大会和年会得到恢复，活动步入正轨，促进了学术交流和社团自身建设的稳步发展。1951年8月，中国物理学会第一届会员代表大会在北京召开，到会代表59人，列席人员16人。他们代表全国26个分会共1226人。会议决定创办《物理通报》以帮助改进中学和大学物理教学。与此同时，中国化学会召开首届全国会员代表大会，讨论通过了新会章，并选举产生了第十七届理事会，推选侯德榜为理事长，吴承洛为秘书长，曾昭抡、袁翰青等12人为常务理事，并选出理事31名。1952年，中国解剖学会在北京

---

① 沈其益，等.中国科学技术协会［M］.北京：当代中国出版社，1994：41.

召开了第一次全国会员代表大会，到会代表 30 余人，选举产生了第二届理事会。1956 年 7 月，中华医学会第十八届全国会员代表大会在北京召开，印度尼西亚和中国香港、中国澳门的 13 名医学专家及在京的苏联、美国、罗马尼亚、朝鲜医师应邀参加了大会。周恩来总理于 27 日下午接见全体与会代表，并同大会主席团成员及印度尼西亚来宾、中国港澳来宾进行了亲切谈话。1956 年 8 月，中国化学会召开了第二届全国会员代表大会。1957 年 2 月，中国天文学会在南京召开第一届会员代表大会，到会代表 48 人，列席人员 36 人，旁听人员约 50 人；会议收到论文 25 篇，宣读了 21 篇。

在恢复会员代表大会和年会的同时，科技社团还积极开展座谈会、技术研讨会等形式多样的学术交流活动。1954 年，中华医学会与中国生理科学会在北京联合举办了有 600 多人参加的讲座，有组织有系统地介绍了巴甫洛夫学说。1955 年，中国农学会、中国林学会、中国昆虫学会等联合举办"米丘林诞辰 100 周年纪念会"，进行座谈交流。1957 年，中国电机工程学会在北京召开高电压技术研讨会。1958 年，中国病理生理学会与有关部门一道聘请苏联专家在北京医学院举办首届全国病理生理学高级师资进修班。

（3）打破封锁，开展国际交流

中华人民共和国成立以来，面对西方国家的经济、技术封锁，科技社团成了开展科技外交的主要突破口之一，也是中国对外交流的窗口，在中国与国际社会的沟通中发挥了重要作用。科技社团通过出国访问、参加国际会议、在华举办研讨会、加入国际组织等方式，加强与国际科技界联系，展示新中国形象。在全国科联的大力支持和鼓励下，所属科技社团派遣参加国际学术会议的代表团有 40 余个。16 个科技社团与 44 个国家的科学团体进行经常性学术刊物交换。1953 年，中国药学会副理事长薛愚赴奥地利维也纳参加世界卫生组织大会，同时访问了捷克斯洛伐克和苏联，与捷克斯洛伐克药学会建立了联系（图 2-7）。中国药学会的一些会员参加印度、巴基斯坦科学大会，同时也与日本药学会建立了良好的友谊。其后，中国药学会邀请民主德国药用植物学家华尔特·文特（Walter Vent），日本药学家不破龙登代、阿部胜马等先后访华，为国内药学工作者带来了当时国际上较先进的研究经验与学术成果。1955年8月，中国天文学会委派张钰哲、戴文赛、吴新谋、叶式辉4人出席在爱尔兰都柏林举行的第九届国际天文联合会。中国建筑学会派代表团参加国际建筑师代表大会，并与来华访问的波兰、印度、日本等10余个国家的建筑师或学者举行座谈。中华医学会在1955年派代表团参加了5场国际学术会议，并接待了来华访问的20多个国家的代表团或学者个人。1956—1958年，中国电机工程学会两次派遣代表团赴法国巴黎参加国际大电网组织会议。1957年9月，中国电机工程学会程明陞率中国电力科技代表团赴苏联考察，学会重要成员徐士高、白凡随团前往（图2-8）。

图2-7　1953年5月，薛愚出席维也纳世界卫生组织大会后到苏联访问

图2-8　1957年9月，程明陞率团赴苏联考察

（4）学术刊物繁荣发展

随着科技社团工作的有序开展，学术刊物在这一时期也获得了发展机遇，大量科技社团刊物创刊出版。至1958年，各科技社团编辑出版的学术刊物有94种，发行量全年达到500万册。[1] 例如中国植物学会、北京师

---

[1]　何志平，尹恭成，张小梅. 中国科学技术团体［M］. 上海：上海科学普及出版社，1990：560.

范大学合办的《生物学通报》于 1952 年创刊；中国解剖学会的《中国解剖学会会讯》于 1954 年创刊，《解剖学报》于次年创刊出版；1954 年，中国物理学会的《物理译报》创刊，以介绍苏联物理学成就为主；《原子能》于 1956 年创刊，系俄文杂志《原子》的中译本；1956 年，中国心理学会的《心理学报》创刊；1957 年 3 月，中国化学会的《高分子通讯》在北京创刊；同年，中国动物学会的《动物学杂志》创刊。

（5）助力重大战略决策的实施

中华人民共和国成立之初，国家一穷二白。在国家许多重大战略的决策和实施过程中，科技社团都贡献了自己的力量。例如，1954 年，中国地质学会创始人、全国科联主席李四光对国家石油资源前景进行了理论预测，向毛泽东、周恩来等领导人建言"中国不是贫油国"，为 1958 年中国石油勘探工作的"战略东移"决策提供了理论基础，为我国大庆油田等一系列油气田的发现铺平了道路。

（6）参与名词统一工作

20 世纪 50 年代初，中央人民政府政务院文化教育委员会主持成立了学术名词统一工作委员会，下设自然科学名词、社会科学名词、医药卫生名词、艺术科学名词和时事名词五大组，分别聘请各领域专家进行名词编订和审定的工作。各个科技社团积极响应，分别组织名词小组开展工作，取得了可喜的成绩。例如，自然科学名词组从中国物理学会物理学名词审查委员会中吸收专家，组成工作小组，到 1951 年，他们以 1934 年确定的 5147 条名词为基础，扩展到 9344 条名词。1950 年 9 月，中国物理学会组织王竹溪、马大猷、丁燮林、叶企孙和郑华炽五人研究度量衡制问题，提出《中国物理学会对大小数命名法及度量衡制的意见书》。中国化学会化学名词审查小组在吴承洛、郑贞文等编写的《化学命名原则》的基础上组织了修改，呈请文化教育委员会核准，改称《化学物质命名原则》，于

1951 年公布实施，基本满足了当时我国广大化学工作者的工作需要。

（7）促进科学研究与生产实践相结合

在全国科联的组织和指导下，所属科技社团的活动围绕国家经济、社会发展中全局性和区域性的国计民生问题展开，着重解决生产建设中的实际问题。各专业科技社团积极发挥自身专业所长，将学术活动与生产密切结合，从而为社会主义建设和"一五"计划服务。科技社团围绕国家建设中的重大课题，组织科技人员进行考察、讨论，提出了很多合理化建议。

技术推广和技术培训是这一时期科技社团的重要活动。例如，中国机械工程学会各个分会建立了电焊、切削、热加工等专业技术小组，讨论生产中存在的实际问题，还组织操作表演、现场参观等。其中，中国机械工程学会天津分会工具制造组成功解决了铰刀制造和硬质合金车刀焊接的问题，有力地推动了技术革新。天津放射学会整合了全市放射科人员，统一调配机械设备，并根据国家计划和生产建设需要进行集体的科学研究。哈尔滨畜牧兽医学会组成"假日农村兽医防治队"，对农业社生产队的马匹等家畜进行诊疗和调查研究。武汉的畜牧兽医学会、医学会、药学会会员在肉类联合加工厂举行现场会议。中国纺织工程学会在青岛召开了技术革命经验交流大会，对全国纺织工业技术革新成果进行交流，并在会后组织全体代表分赴上海、无锡继续举行现场会议。

（8）科普活动稳步开展

在全国科普的领导下，科技社团结合自身特点积极参与全国科普和地方科普协会组织的科普活动，为群众普及科学技术知识。中华学艺社在中华人民共和国成立初期举办了关于巴甫洛夫条件反射理论、飞行原理、纺织理论和郝建秀工作法的精神等理论知识的讲座。此外，中华学艺社图书馆还向公众开放。

在群众性科普活动之外，这一时期科普的重点在于抓实际生产。科技社团组织科技人员赴厂矿企业，结合生产中的实际问题进行科学和技术知识的普及和推广。中华人民共和国成立初期，工厂中的机械工人缺乏机器制造的基本知识，看蓝图、量具与换算、机器构造和使用等方面的知识成为工厂生产中的迫切需要，工人因技术水平不高导致无法"按图施工"的问题突出。针对这一问题，中国工程图学学会创始人、首任理事长赵学田（图2-9）撰写了《机械工人速成看图》（图2-10），并在1954年3月在武昌某厂试点举办机械工人速成看图学习班，亲自为工人讲授（图2-11）；6月又在武昌车辆制造工厂、汉口汽车配件厂重点推广，取得显著成效。至1980年，《机械工人速成看图》已发行1600余万册，成为科普活动直接推动生产的典型。

图2-9 中国工程图学学会
首任理事长赵学田　　图2-10 赵学田撰写的
《机械工人速成看图》　　图2-11 赵学田在工厂为工人讲解

　　20世纪50年代初，全国上下大力开展爱国卫生运动，科技社团在向社会大众宣传普及医药卫生和流行疾病知识及疾病防治办法等方面做出了重大贡献。中国药学会发出号召，动员广大药学工作者持续开展爱国卫生运动，时任理事长李维祯发表了文章《动员起来，积极参加爱国卫生运动》。1956年1月，《全国农业发展纲要（草案）》提出了消灭血吸虫病、血丝虫病（现称"丝虫病"）、钩虫病等危害人民最严重的疾病和积极防治麻疹、赤痢、伤寒等疾病的任务。同年 2 月 27 日，毛泽东主席再次号召"全党动员，全民动员，消灭血吸虫病"。针对党和国家赋予医药工作者的这一历史使命，中国药学会组织会员在《中国药学杂志》上编纂《我们一定要消灭血吸虫病》专栏（图 2-12）。《血吸虫病简述》《治疗血吸虫病的几种中药》（图 2-13）等文章及时发表，对推动全国集中力量消灭血吸虫病的工作起到了较大作用。

图 2-12 《中国药学杂志》上《我们一定要消灭血吸虫病》专栏中的文章

图 2-13 《中国药学杂志》1956 年第 4 期刊登的《治疗血吸虫病的几种中药》

2.2 凝心聚力，向科学进军

中华人民共和国成立后，取得了国民经济恢复、抗美援朝胜利、社会主义改造完成、第一个五年计划提前超额完成等重大历史性成就，极大鼓舞了全国各界的信心。1956 年 1 月，在全国知识分子问题会议上，毛泽东主席向全国人民发出了"向科学进军"的伟大号召。他号召："全党努力学习科学知识，同党外知识分子团结一致，为迅速赶上世界科学先进水平而奋斗！"8 月，国务院组织全国 600 多位科学家制定《1956—1967 年科学技术发展远景规划纲要（草案）》（简称《十二年规划》），采取"重点发展，迎头赶上"的方针，提出 57 项重大科技任务、4 项紧急任务，形成了"规划主导、任务落实"的举国体制科技资源配置方式，成功奠定了我国科研组织体系的基础，为中国科学技术确定了发展蓝图。1958 年 5 月，中共八大二次会议提出"鼓足干劲、力争上游、多快好省地建设社会主义"的总路线。伴随着全国科联和全国科普在实际工作中走向融合，为了贯彻社会主义建设事业对科技团体和科技发展的要求，两组织的主要领导和竺可桢、茅以升等科学家提出了将二者合并为一个组织的建议。1958 年 8 月 5 日，全国科联党组和全国科普党组向聂荣臻副总理提交了《关于建议科联、科普合并问题的报告》，得到了中共中央的同意，全国科联和全国科普同时召开全国代表大会。

2.2.1　中国科协的成立及其主要活动

1958 年 9 月 18—25 日，全国科联和全国科普全国代表大会在北京召开。参加大会的有 27 个省（自治区、直辖市）和 42 个全国性自然科学专门科技社团的代表，加上 68 名特邀代表，共有代表 1084 名。大会由李四光致开幕辞，国务院副总理聂荣臻代表中共中央和国务院向大会表示热烈祝贺，并在会上作了题为《我国科学技术工作发展的道路》的重要讲话，得到与会代表的一致赞同。大会通过了《关于建立"中华人民共和国科学技术协会"的决议》等四项决议，并决定将该次大会作为"中华人民共和国科学技术协会第一次全国代表大会"（图 2-14）。大会选举李四光为中国科学技术协会（简称"中国科协"）首任主席，围绕科协的性质、任务和组织建设方针统一了认识。10 月 20 日，中共中央在给中国科协党组《关于中国科协第一次全国代表大会的报告》的批复意见中指出："中国科协应当是党领导下的、社会主义的、全国性的科学技术群众团体，是党动员广大科学技术工作者和广大人民群众进行技术革命和文化革命、建设社会主义和共产主义的一个有力工具和助手。"中国科协的基本任务是在中国共产党的领导下，密切结合生产积极开展群众性技术革命运动。

图 2-14　中国科协第一届全国委员会委员合影

中国科协成立以后，对全国科联和全国科普的组织进行了合并，加强了对全国学会的管理和领导。各专业学会按照专业开展活动，全国学会组织建设逐步健全，同时成立了一批新的学会。1961—1966 年，全国学会增加了 18 个，中国科协所属全国学会数量达到 53 个。这一时期还初步建立了挂靠体制，即要求全国学会挂靠到有关部门，以维持学会的生存和发展，这是全国学会管理体制的一大变革。至此，中国科协所属全国学会体系初步建立。

中国科协成立以后，迅速在各省（自治区、直辖市）以及厂矿、企业、学校建立科协地方组织。截至 1958 年年底，中国科协全国会员已由全国科联、全国科普的 140 万人发展到 600 万人，组织了多种多样的活动。[①]

---

① 何志平，尹恭成，张小梅. 中国科学技术团体［M］. 上海：上海科学普及出版社，1990：783.

（1）推动群众性科技活动

各级科协贯彻"群众性的科学技术专业活动与专业科技机构相结合的两腿走路方针"，放手发动群众，举办范围广泛、形式多样的"技术上门""技术会诊""技术攻关""技术表演""新技术扫盲"等活动，通过现场会、展览会、情报资料交流、培训班等方式，促成了轰轰烈烈的群众性技术革命活动，为社会主义建设做出了贡献。如在三年困难时期，农业连年歉收，广大城乡群众粮食和副食品严重短缺。面对这样的严峻现实，中国科协在 1961 年的全国工作会议上明确提出，"各级科协必须把农业服务作为长期的首要任务"。这一年，各地科协纷纷对群众科技研究活动进行指导，加强农业科普宣传和培训。群众称颂"技术上门"活动是"雪中送炭"。据不完全统计，截至 1964 年，农村科学实验小组发展到 40 多万个，1965 年增加到 100 多万个，参加人数约有 700 万人。

（2）为国家科技政策调整贡献力量

1961 年 1 月，中共八届九中全会通过了对国民经济实行"调整、巩固、充实、提高"的八字方针。而对科技界影响最为深远的则是 1961 年 7 月颁布的《关于自然科学研究机构当前工作的十四条意见（草案）》（简称《科研工作十四条》），以及 1962 年春在广州召开的全国科学技术工作会议（简称"广州会议"）。中国科协认真贯彻党中央指示，积极为制定《科研工作十四条》和召开广州会议贡献力量。时任中国科协副主席范长江是广州会议领导小组成员之一。广州会议明确了知识分子属性，广大科技工作者振奋了精神，积极投入祖国科技事业中，取得了一系列成就。1961—1966 年，中国取得了原子弹、中近程导弹、电子管模拟计算机、氢灯和高压泵灯的研制和有限元方法的创立等多项重大科技成果，并在农业研究、氢弹研究、人造卫星研究、哥德巴赫猜想研究等领域取得重大突破，科学技术水平跃上了一个新台阶。

（3）调整全国学会工作和城市科普工作方向

中国科协在这一时期还召开了一系列工作会议和座谈会，对全国学会工作和城市科普工作进行了调整。1961 年 4 月，中国科协在北京召开全国工作会议，会议通过了《关于自然科学专门学会今后一个时期工作的几点意见》。1961 年 12 月至 1962 年 1 月，中国科协在上海召开全国学会工作座谈会，对调整全国学会工作提出进一步意见，明确了全国学会应办好学术期刊，定期召开学术年会，并开展多品种、高质量的活动，真正促进出成果、出人才。1964 年 2 月，全国科协主席团会议正式通过《自然科学专门学会试行通则》，将全国学会工作的性质、方针和基本任务以规章制度的形式确定下来。1963—1964 年，一些新的全国学会开始成立，一些停办的期刊陆续恢复，学术交流活动日益增多，学术研究的社会氛围逐步形成。

1961 年起，中国科协根据国家需求对城市科普工作进行了调整：在内容上，从只抓生产技术的推广普及，转变为新兴科学知识、基础科学知识和生活科学知识并重；在科普对象上，从重视对生产工人的科学普及，转变为以工人为主，注重对干部、青年学生、少年儿童和广大市民的普及；在科普方式上，从"一揽子"面向群众普及，转变为以宣传、培训、服务为主。

（4）举办北京科学讨论会

这一时期，中国科协把"加强与国际科学技术界的联系，促进国际学术交流和国际学术界保卫和平的斗争"作为一项重要任务。1962 年 9 月，在世界科协第七届全体大会上，时任中国科协书记处书记周培源当选为世界科协副主席。1963 年 9 月 25 日，世界科协北京中心正式成立，21 个国家的代表及上千名中国科学家应邀出席成立大会。大会由世界科协副主席、中国科协副主席周培源主持，周恩来总理、聂荣臻副总理接见了参会的各国代表。世界科协是 1949 年后中国科技社团加入的第一个多边国际组织，也是长期以来中国打破封锁、与国际科技界沟通的重要平台。

图 2-15　1964 年 8 月 21 日，
北京科学讨论会开幕

1964 年 8 月 21—31 日，中国科协和世界科协北京中心共同发起的北京科学讨论会召开（图 2-15）。这是中华人民共和国成立以来的第一个大型国际会议，来自 44 个国家和地区的 367 名科学家与会，毛泽东、刘少奇、朱德、周恩来、邓小平、彭真、陈毅、聂荣臻、谭震林、叶剑英等党和国家领导人先后接见了会议全体代表。此次大会的成功举行，扩大了中国的国际影响，提升了国际地位。在北京科学讨论会代表的建议下，1966 年 7 月 23—31 日，又召开了暑期物理讨论会，来自 33 个国家和 1 个地区性学术组织的 144 名代表参加了会议，中国物理学家提出的层子模型受到广泛关注和高度重视。会议期间，周恩来总理发来贺电。毛泽东、刘少奇、董必武、朱德、周恩来、陈毅、李富春、贺龙、薄一波、陶铸、聂荣臻、叶剑英等党和国家领导人先后接见了全体代表。

2.2.2　中国科协领导下的全国学会活动

中国科协一大召开以后，全国学会作为科学家的专门性学术团体，在中国科协的领导下，围绕"多快好省地建设社会主义"的总路线和"向科学进军"的号召，积极开展建言献策、学术交流和科普工作，推动群众性技术革命、技术革新等活动。

（1）为中国科技发展建言献策

这一时期，全国学会在中国科技政策的制定以及各学科和技术领域的发展规划上都发挥了自己的力量。中国物理学会理事冯秉铨参与了制定《十二年规划》的讨论。1960 年，他又参加了《全国十年科学技术发展规划》的制定工作。1962 年广州会议期间，中国电子学会副理事长马大猷提出了知识分子属于劳动人民范畴的观点，引起与会科技工作者的广泛共鸣，周恩来总理、陈毅副总理亲自到会解答。周恩来总理重提"我们历来都把知识分子放在革命联盟内，算在人民的队伍当中"，陈毅副总理提出要为知识分子脱掉"资产阶级知识分子"之帽，加"劳动人民知识分子"之冕。这两段论述对国家科技政策的调整和调动科技工作者积极性起了巨大作用。

除了积极参与国家科技领域大政方针的制定讨论，专业学会在本专业领域的远景发展规划方面同样发挥了积极作用。例如，1961 年下半年，中国天文学会与中国科学院紫金山天文台联合召开了以"恒星与演化""天体力学""太阳物理和射电天文学"为主题的三次学术讨论会，对本学科、本专业未来发展规划提出了许多建设性意见。1973 年，中国天文学会参加中国科学院在北京召开的天文学座谈会，与会代表协商制定了 1973—1980 年我国天文学八年研究规划，并于同年 12 月以中国科学院名义向国务院报送了《关于加强天文学研究的报告》。

（2）积极搭建学术交流平台

1956 年，党中央提出著名的"百花齐放、百家争鸣"方针（简称"双百"方针）。1961 年《科研工作十四条》的印发，明确提出要认真贯彻"双百"方针，对保障科研人员研究工作提出了具体要求，为广大科技工作者提供了较为稳定的科研环境，极大振奋了科技工作者的精神，使学术交流活动生机勃勃。仅 1962—1963 年，全国学会就召开了 140 多次学术年会和专题学术讨论会，2 万余名科技人员参会，提交论文 2.3 万多篇，其中经过审议在会上宣读的有 8000 多篇。[①]1963 年，在三年困难时期之后，全国形势逐步好转，全国学会组织召开了一系列重大学术会议。1963 年 8 月，中国化学会组织召开的全国天然有机化学学术会议，促使中国科学院和北京大学的科学家在原本分别研究牛胰岛素和羊胰岛素的基础上，进行合作研究，为成功研制出人工合成结晶牛胰岛素起到了推动作用。1963 年 10 月，全国地质工作会议、中国电机工程学会学术年会、全国石油科学报告会议在北京召开。1963 年 11 月，第一届全国矿物岩石地球化学学术会议在北京举行，会上共收到论文 493 篇，其中 162 篇论文分别在矿物、岩石、地球化学 3 个专业组以 4 天时间进行了宣读和讨论，参会者共 3000 余人次。同年 11 月 18—29 日，中国科协在北京召开全国学会工作会议，这时全国学会已有 46 个。会议就如何进一步提高学术活动质量，更有效地促进又红又专的科技队伍成长，更好地为社会主义建设服务等问题进行了讨论。会议期间，毛泽东、刘少奇、朱德、邓小平等党和国家领导人亲切接见全国学会工作会议和其他 6 场学术会议的代表。与此同时，中国地理学会也在杭州召开第三次全国会员代表大会及支援农业综合性年会，理事长竺可桢提出地理学为农业服务的目标，随后多次组织开展农业区划研讨会等活动。中国自然区划和中国农业区划研究成功，对中华人民共和国最初 30 年的建设发展发挥了重要作用。

大量的学术交流活动进一步激发了科技工作者思想的碰撞，产生了众多优秀论文和学术成果。例如，20 世纪 60 年代，中国数学会的王元、潘承洞、陈景润在哥德巴赫猜想研究中取得重大突破；中国航空学会筹备组成员、第一届理事会副理事长郭永怀长期从事航空工程研究，为中国核弹、氢弹和卫星实验工作均做出了巨大贡献。

---

① 邓楠. 发展与责任——中国科协 50 年［M］. 北京：中国科学技术出版社，2009：75.

（3）开展国际交流活动

这一时期，中国科协领导下的全国学会仍然承担着国家对外交流的重要任务，成为科技外交的一支重要力量。1971 年 3 月，中国农学会负责人郝中士等陪同周恩来总理在人民大会堂接见以日本众议院议员、全日本农业协同组合会长八百板正为首的日本农民访华团一行，双方达成了中日两国进行农业农民民间交流的协议。1972 年 7—8 月，郝中士又率中国农业农民访日代表团一行 18 人赴日考察访问，传达了周恩来总理有关中日邦交正常化的重要建议，中日邦交正常化的序幕由此拉开。

（4）为经济发展建言献策

据统计，国家"一五"计划期间，全国因虫害损失粮食作物约 165 亿千克，仅 1961 年，螟虫就吃掉了等于国内同年进口量的粮食。为此，1962 年 7 月，在中国植物保护学会的成立大会上，沈其益等 66 位专家联名提出《关于当前农作物病虫害防治工作的紧急建议》。中国科协副主席范长江专程将这一建议呈报正在北戴河参加中共八届十中全会的聂荣臻副总理，并转报周恩来总理和毛泽东主席。毛泽东等中央领导同志高度重视，当即批示印发与会代表。该建议内容在中共八届十中全会公报上得到反映。此后，建议中的各项均得到落实，植物保护工作逐步开展。这是全国学会发展史上科技工作者的建议对国家政策产生重大影响的成功范例。1962 年 12 月，中国林学会在北京召开学术年会，由张克侠理事长主持，国务院副总理谭震林出席了会议。这次学术年会后整理出的《对当前林业工作的几项建议》，以 33 名林业科学家和林业工作者的名义上报给中国科协、林业部、国家科委，并分别报送聂荣臻副总理和谭震林副总理，引起了国家和社会对林业工作的重视。1963 年，中国农学会向中央提交的《关于加强对小麦条锈病研究和防治的意见》，得到了毛泽东和周恩来等党和国家领导人的重视与批示。

（5）积极普及科学技术知识

这一时期的科普活动继续重视工农业生产，同时注重普及新兴科学知识、基础科学知识和生活科学知识。1960年，中国农学会、中国园艺学会、中国畜牧兽医学会、中国水利学会和中国地理学会等相关学会共同组织了1000多名科技人员分赴北京市郊十几个区县农村进行技术考察和技术指导，及时解决了京郊农业生产中存在的问题。

1961年3月，为帮助广大群众获得防病保健知识，中华医学会和中央广播事业局联合成立了医学广播委员会，由傅连暲任主任委员，顾文华、贺茂得任副主任委员，委员由各学科专家担任。医学广播委员会在中央人民广播电台和中央电视台开设《讲卫生》节目，定期播送医药卫生知识。据统计，1961年5月至1962年年底，医学广播委员会先后组织了88篇稿件，进行了200次电台广播和35次电视广播，组织中国医学科学院院长黄家驷、北京儿童医院院长诸福棠、北京医学院院长胡传揆、中苏友谊医院院长钟惠澜等一大批著名医学专家亲自到电台和电视台讲演，受到全国各地群众的热烈欢迎和高度赞扬。广州、上海等地分会也相继组织医学广播委员会，开展医学科普宣传，取得良好社会反响。

1963年，为配合病虫害防治工作，中国植物保护学会设计编绘了一套植物保护知识展览，并复制成大、中、小展品784套，印刷挂图44种合计25万套，文字说明8种共64万册，供应地方开展植物保护知识宣传普及工作。据当时统计，1963—1964年，全国有27个省（自治区、直辖市）举办了大型植物保护知识展览，举办小型展览的市、县数以百计，参观展览人数累计1000多万人次。

2.3　全国学会活动在曲折中开展

1966年，"文化大革命"发生了，中国科协及绝大多数所属全国学会工作被迫中断，许多全国学会会员受到政治运动的冲击，但在此期间，部分学会和会员采取各种形式、克服重重阻力坚持开展科技工作，被大家称作"没有学会的学会活动"。

2.3.1 部分全国学会坚持学术交流和科普活动

"文化大革命"期间，部分学会在困顿中仍在力所能及的范围内坚持开展学术交流和科普活动。例如，在中国机械工程学会理事会主要负责人的主持下，原各专业委员会会员参加编写了《机械工程手册》和《电机工程手册》。中国造船学会的几位老会员组织七八十人编写了有关船舶的工具书。一些会员还利用当时尚在开展活动的船舶标准化委员会，继续开展学术交流活动，并取得了成果。广州市航海学会坚持开展以普及科学知识为重点、普及与提高相结合的群众性科技活动。1973年，为了适应华南地区航海事业发展需求，广州市航海学会编写了各种科技资料近30万份。1973—1977年，该学会举办了200多场报告会和讨论会，参加活动人数达10万人次。为了发动群众搞好安全航行，学会会员编创、拍摄了《船舶碰撞》《船舶救生》等科教影片和幻灯片，编绘了关于帆船防御台风的科学知识连环画，并两次组织了防御台风和船舶碰撞的巡回宣传队，前往沿海和沿江各个港口，向广大船员、渔民进行宣传。

1969年及其后数年，中草药调查、采集、利用和研究在医药科研领域一枝独秀。中国药学会部分会员利用这一机会，投入中草药群众运动中，集中全国专家编写了《全国中草药汇编》，集中反映了这一时期中草药调查研究的成果。下放到基层或农村的药学人员成为编写当地《草药手册》等书籍的主力；大型工具书《中药大辞典》也成书于这一时期。围绕着攻克支气管哮喘、恶性疟疾等，药学工作者也满腔热情投入各自工作，做出了一系列成就（图2-16）。

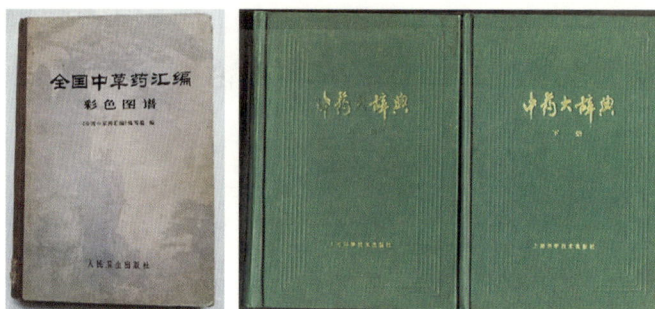

图 2-16　1969 年后中国药学会组织专家编写的部分图书

　　这一时期，一些学会得以在极度困难的环境中开展工作，有赖于周恩来总理等党和国家领导人的支持帮助。1970 年，国务院派人向中国数学会理事长华罗庚传达了周恩来总理的指示："统筹法是要搞的。"根据周恩来总理的指示，国务院邀请了工业部的 7 名负责人听华罗庚讲优选法和统筹法。在这样的形势下，华罗庚组织 100 多名学会会员形成"普及双法小分队"，到全国各地厂矿举办学习班，展开了广泛的统筹法和优选法普及工作，所到之处都掀起了科学实验与实践相结合的群众性活动，取得了显著的经济效益和社会效益（图 2-17）。

图 2-17　1972 年，华罗庚带领"普及双法小分队"在唐山工具厂了解优选刀具实验

1973 年 6 月，中国天文学会在北京天文馆举办了《纪念哥白尼诞生 500 周年》展览，向社会公众宣传天文学知识，并于 6 月 22 日在北京举行了纪念哥白尼诞生 500 周年座谈会。

2.3.2　部分全国学会坚持科学研究

"文化大革命"期间，中国科协和大部分全国学会工作陷于停滞，但仍然有许多科技工作者克服重重阻力，坚持收集资料，不断研究，取得令人瞩目的科研成果。

1966 年，中国农学会会员袁隆平在《科学通讯》发表了通过"三系"配套方法培育杂交水稻种子的设想，受到聂荣臻副总理的高度重视。国家科学技术委员会九局随即向湖南省委和袁隆平所在的安江农业学校发函责成支持该研究。袁隆平不负众望，克服重重困难，不断取得进展，于 1973 年育成杂交水稻。中国植物学会的李振声从 1956 年开始从事小麦与偃麦草远缘杂交与染色体工程育种研究，终于在 20 世纪 80 年代培育出了系列小麦良种，首创蓝粒单体小麦系统、自花结实系统，建立了选育小麦异代换系的新方法——缺体回交育种法。河南省农学会玉米育种学家吴绍骙在下放河南商丘劳动期间，帮助当地农民办起了科学实验站，向农民传授先进的农业科学知识，培养了大批农民技术员，使贫穷落后的五里杨大队成了一个高产稳产的生产大队。

1975 年，中国电子学会副理事长、中国声学会副理事长冯秉铨（图 2-18）研制成功的时频削波语言加工器达到了世界先进水平。1976 年，冯秉铨又完成了脉宽调制式调幅发射机的研究。这两项成果均获 1978 年全国科学大会奖。

1972 年 10 月 6 日，周培源在《光明日报》上发表一篇 5000 多字的文章，阐述基础理论的教学和研究的必要性与重要性，同时还给周恩来总理写信，提出加强基础理论研究的三点建议。

图 2-18　中国电子学会副理事长、中国声学会副理事长冯秉铨

2.3.3　在恢复科普与对外科技交流中发挥积极作用

　　1975 年，在四届全国人大一次会议的小组会议上，著名科普作家高士其向周恩来总理递交建议，高士其说："科学普及工作现在无人过问，工农兵群众迫切要求科学知识的武装，请您对科学普及工作予以关心支持。"周恩来总理当众宣读并高声说："高士其同志的意见很好，很好！"周恩来总理很快指示有关部门处理。1977 年 7 月，高士其致函叶剑英，提出了加强科普工作的四点建议，受到中央高度重视。这封信对"文化大革命"后科普事业的恢复发挥了重大作用。

　　1972 年，美国总统尼克松访华。在其后的中美关系正常化进程中，中国科协及所属全国学会也发挥了积极作用。1975 年 9 月 23 日，以中国科协副主席周培源为团长、中国海洋学会理事长曾呈奎为副团长的中国科学技术代表团访问美国，受到美国总统福特接见。

3

融入改革开放，迎来科学的春天

1978 年 3 月 18 日，全国科学大会胜利召开，全国学会迎来了春天。在尊重科学、尊重知识、尊重人才的春风里，全国学会树雄心、立大志，在中国科协的统一领导下，昂首阔步于改革开放和社会主义现代化建设的大道，向科学技术现代化全力进军，翻开了学会繁荣发展的崭新历史篇章。

3.1 中国科协与全国学会活动的恢复

1976 年 10 月，邓小平同志开始主持科学和教育工作。1977 年 3 月 9 日，中国科学院、中国科协、国务院国防工业办公室联合向国务院和中央军委提交《关于恢复和加强国防工业系统学会活动的报告》，得到了中共中央的批准。科协和全国学会活动恢复的序幕由此拉开。在科协和全国学会活动逐步恢复的过程中，钱学森、周培源等著名科学家发挥了重大作用。

1977 年 4—6 月，中国科协先后举办了六场大型报告会，周培源、邹承鲁、何祚麻等人所作的报告极大地活跃了学术气氛。1977年6月29日晚，钱学森约访周培源，谈了他对加强科协和学会工作的想法和建议。钱学森说："我们国家的科技工作怎么组织起来、更快搞上去，现在一个突出问题是横向联系怎么办，部门之间同一专业的科技人员如何相互学习、互相启发、交流经验。另外，现在学科规划也没人管。我想到科协和学会，这是能起横向作用的组织。它能够打破各个部门间的界线，把同一专业的科技人员组织起来，互相学习、互相促进。这样，科协和学会的任务就很重要了，它和我们能不能更快地赶超世界水平有很大关系。"在这次会面中，周培源和钱学森还谈到科协和学会在国际科技交往、科学普及工作等方面的巨大作用。这次谈话的简报，其后由正在参加科教工作座谈会的沈其益呈送主持会议的邓小平，使党中央及时了解了科技界的意见。

1977年9月，中共中央发出《召开全国科学大会的通知》，提出能不能把科学技术搞上去是关系到我们国家命运和前途的大问题，特别指出"科学技术协会和各种专门学会要积极开展工作"，"必须大力做好科普工作"。这成为对中国科协和学会工作的明确指示和有力推动。1977年12月10—17日，中国科协在天津召开有中国金属学会、中国航空学会、中国动物学会、中国林学会、中国地理学会5个学会420多名科技人员参加的讨论会。这是一次大型的多学科学术会议，《人民日报》对此进行了专题报道。在党中央和国家领导人的重视及老一辈著名科学家的大力推动下，至1977年年底，已有中国航空学会、中国造船工程学会、中国电子学会、中国兵工学会、中华医学会、中国护理学会、中国农学会、中国力学学会、中国林学会、中国地理学会、中国机械工程学会等23个学会相继恢复工作。

1978年3月18日，一个万物复苏的日子，全国科学大会在北京隆重举行（图3-1、图3-2），邓小平同志在大会上发表重要讲话，号召广大科技工作者"树雄心、立大志，向科学技术现代化进军"，并重申了科学技术是生产力，提出了"四个现代化，关键是科学技术的现代化"的著名论断。他指出新中国的知识分子是工人阶级的一部分，肯定了知识分子的政治和社会地位，摘掉了长期扣在知识分子头上的"资产阶级知识分子"的帽子。与会的科技界人士掌声雷动，当时已经82岁高龄的中国作物学会理事长金善宝激动地说："我要像28岁那样来继续奋斗。"

图 3-1　丁一林《科学的春天》油画，取材于 1978 年全国科学大会，现藏中国美术馆

图 3-2　1978 年全国科学大会期间，与会专家在友谊宾馆科学会堂前合影

3月30日，中国科协代主席周培源在会上作题为《科学技术协会要为实现四个现代化做出贡献》的专题发言，首次全面阐述了中国科协和全国学会在四个现代化中的任务与作用，对科协和全国学会的工作恢复起到了重要作用。中国化学会副理事长唐敖庆、中国石油学会副理事长闵豫、中国数学会会员陈景润、中国金属学会会员陈篪等科技专家也都在大会上发言。这次大会还通过了《1978—1985年全国科学技术发展规划纲要》，确定了"全面安排，突出重点"的指导方针，提出27个领域的108个重点项目。1978年全国科学大会是我国科技发展史上的一次空前盛会，不仅确立了一个国家尊重知识、尊重人才的根本方针，也为我国科技发展扫清了障碍，极大地调动了知识分子的积极性。

全国科学大会为中国科协及全国学会工作的全面恢复和发展奠定了坚实基础。1978年4月，国务院批准了《关于全国科协当前工作和机构编制的请示报告》，中国科协书记处和机关恢复工作，各地科协和学会的工作也相继恢复。

3.2 中国科协二大：积极投身四个现代化建设

1978年12月，党的十一届三中全会做出把党和国家的工作重心转移到经济建设上来、实行改革开放的战略决策，开启了改革开放的新纪元。在这一背景下，工作已经得到恢复的中国科协着手筹备全国代表大会，并向党中央提交了《关于召开中国科协"二大"的请示报告》。1979年12月31日，中央批复该报告，并指出："科协是科学技术工作者的群众团体，是党领导下的人民团体之一。它是党团结和联系科学技术工作者的纽带，是党领导科学技术工作的助手。它担负着动员和组织广大科技工作者积极参加祖国四个现代化建设，广泛开展学术交流，普及科学技术知识，以

及同世界各国科学技术群众团
体进行交流的任务。党的各级
组织要加强对科协工作的领导，
支持科学技术团体积极主动地、
独立负责地开展活动。"党中央
的这一批复，为中国科协的发
展指明了方向。

　　1980 年 3 月 15—23 日，中
国科协第二次全国代表大会在
北京隆重召开（图 3-3）。这次

图 3-3　中国科协二大会议现场

大会距 1958 年召开的中国科协第一次全国代表大会，已有 22 年。这次大
会是中国科技团体发展史上一次拨乱反正、继往开来的大会，是继全国科
学大会后中国科技界的又一次盛会。出席这次大会的代表共 1500 名，其
中全国学会代表 369 人，地方科协代表 1131 人。邓小平等党和国家领导
人接见了与会全体代表。

　　这次大会的主要议程是：

　　（1）听取和审议中国科协第一届全国委员会的工作报告，总结 30 年
来中国科学技术群众团体的经验，进一步明确科协的性质和在社会主义建
设中的地位与作用，研究讨论今后的方针和任务。

　　（2）制定《中国科学技术协会章程》，修订《中国科学技术协会自然
科学专门学会组织通则》。

　　（3）选举中国科协新的全国委员会。

　　周培源代表中国科协第一届全国委员会作了题为《同心同德，鼓足干
劲，为实现我国科学技术现代化而奋斗》的工作报告。中国科协二大之
后，党和政府对科协和所属学会的工作更加重视。

1981 年 6 月，党的十一届六中全会通过了《关于建国以来党的若干历史问题的决议》，指出："党在对国家事务和各项经济、文化、社会工作的领导中，必须正确处理党同其他组织的关系……保证工会、共青团、妇联、科协、文联等群众组织主动负责地进行工作。"决议确立了作为人民团体的科协在国家政治、社会生活中的地位，中国科协及全国学会的工作由此开启了全新的篇章，进入了空前繁荣发展的时期。

3.3 中国科协三大：为实现"七五"计划贡献才智

1986 年 3 月，国家"七五"计划出台，党中央进一步推进经济体制和科技体制改革。在这一形势下，1986 年 6 月 23 日，中国科协第三次全国代表大会在北京隆重召开。出席会议的代表有 1823 名，特邀代表有 213 名。党和国家领导人邓小平、彭真、邓颖超、乌兰夫等会见了全体代表。大会的中心任务是：动员全国各族科技工作者，团结奋斗，投身改革，为"七五"计划贡献才智。

中共中央政治局委员胡启立出席大会并讲话。周培源向大会作了题为《团结奋斗，为实现"七五"计划贡献才智》的报告。大会修改并通过《中国科学技术协会章程》，明确了"中国科学技术协会是中国共产党领导下的科学技术工作者的群众团体，是全国学会和地方科协的联合组织，是党和政府联系科学技术工作者的纽带，是党和政府发展科学技术事业的助手"。与中国科协二大通过的章程相比，新版章程在科协性质的表述上突出了科协是科技工作者的群众团体，具体阐明了科协由全国学会和地方科协联合组成的组织特点，并且按照中共中央对《关于召开中国科协"二大"的请示报告》的批复精神，明确提出了"纽带""助手"的地位和作用。大会明确科协的宗旨是："团结组织科学技术工作者，面向现代化、面向世界、面向未来；促进科学技术的繁荣和发展，促进科学技术的普及和推广，促进科技人才的成长和提高，为提高整个中华民族的科学文化水平，把我国建设成高度文明、高度民主的社会主义国家作出贡献。"与中国科协二大通过的章程相比，新章程中增添了"促进科技人才的成长和提高"的表述。"三促进"的宗旨更好地体现了中国科协的性质。可以说，中国科协三大是一次动员和组织科技工作者继续投身于社会主义现代化建设事业，为实现"七五"计划团结奋斗的盛会。

3.4 全国学会为社会主义现代化建设伟大事业服务

党的十一届三中全会以后，改革开放的春风吹遍华夏大地，中国科协及全国学会迎来了空前的蓬勃发展时期。这一时期，在中国科协和有关部门的支持下，一大批新的全国学会先后建立起来。据统计，1978—1989年，全国学会新建 86 个。仅在 1977—1981 年，就新增学会 53 个，使中国科协所属全国学会达到 106 个。至 1986 年中国科协三大召开时，全国学会增加到 138 个，基本上形成了与科学技术学科体系相适应的学会体系。[①]在新成立的学会中，有些是顺应当时世界科技发展新要求建立的新兴学科学会，如中国环境科学学会、中国核学会、中国生态学学会、中国宇航学会、中国系统工程学会等；有些是根据学科发展需要从原有学会中独立出来的，如中国作物学会、中国园艺学会、中国农业工程学会、中国热带作物学会、中国植物病理学会、中国植物保护学会、中国汽车工程学会等。这一时期，学会的分科分会也增长迅速，至 1989 年已经有 2000 多个。

随着改革开放的不断推进，学会也加快了改革发展的步伐。中国科协通过《中国自然科学专业学会组织通则》（1980 年）、《中国科学技术协会全

---

① 中国科学技术协会.中国科协全国学会发展报告 2007［M］.北京: 中国科学技术出版社，2007: 2–3.

国学会组织通则》（1986 年）、《中国科协所属团体与中国科协、挂靠部门关系的几点意见》（1989 年）等一系列文件的贯彻和执行，使学会内部组织管理逐步规范。与此同时，这一时期学会的组织基础也日趋健全，学会积极吸收多种类型的会员，夯实了办会基础。至 1990 年年底，中国机械工程学会等 110 个全国学会共吸收了 21307 个企事业单位为团体会员。中国电子学会、中华医学会等还分层次加强不同水平会员的联系，建立了高级会员制度。中国化学会为加强同青年科技工作者的联系，开始发展学生会员。中国地质学会等 54 个全国学会吸收外籍会员 406 人。此外，学会的内部学科分支机构迅速发展，如中华医学会在 1978 年时仅有 13 个专科分会，至 1988 年专科分会已经增加到 57 个。中国林学会在 1978—1982 年建立了造林分会、林木遗传育种分会等 34 个二级分会和专业委员会。又如中国仪器仪表学会成立于 1979 年，仅仅 5 年就发展为拥有 51 个专业分会和地方分会的学术团体。随着市场经济体制改革的推进，一批学会还初步建立了自我发展机制，打破了单纯依靠拨款的模式，通过多种渠道拓宽学会经费来源。例如，中国天文学会理事长带头募集 100 万元作为学术交流基金；中国电工技术学会还创办了基金会，并以之为依托开展科技奖励。

在学会的改革与发展取得可喜成绩的同时，在中国科协的领导下，全国学会以饱满的热情投入社会主义现代化建设中，在学术交流、科学普及、国际交流、决策咨询等方面开展了大量卓有成效的工作，做出了重要贡献。

3.4.1 协助落实知识分子政策，调动知识分子积极性

1982 年 9 月，中国科协第二届全国委员会第二次会议召开，确定中国科协及所属全国学会要把协助党在科技战线进一步落实知识分子政策，作为发挥纽带作用的首要任务。科协和学会活动恢复以后，积极协助落实知识分子政策，平反冤假错案，了解知识分子政策的执行情况和存在

的问题，这也成为 20 世纪 70 年代末 80 年代初科协和学会的工作重点之一。1983—1984 年，中国科协和各级地方科协对 30000 多名科技工作者和约 4000 名回国留学生、研究生的知识分子政策落实情况进行了大规模的调查，向中共中央和地方党政部门提出了许多政策性建议，引起中共中央和地方党政领导的重视，促进了知识分子政策进一步落实。四川省、天津市、山西省、北京市等省（直辖市）科协及所属学会关于科技人员情况的调查，特别是北京航空学会关于中年科技人员情况的报告，为各级党和政府了解和研究科技工作者的工作、生活问题，及时提供了实际情况的依据。许多学会还举办了纪念古今中外科学巨匠、表彰和祝贺老科学家长期从事科技工作等活动，激励广大科技工作者的献身精神。如 1989 年 10 月 26 日，全国政协、中国科协、中国科学院、地质矿产部联合在北京召开李四光诞辰 100 周年纪念大会。国家主席杨尚昆作《学习李四光》讲话，钱学森作《光辉的旗帜》讲话。1990 年 3 月 7 日和 8 月 9 日，中国科协分别与有关部门联合举办了竺可桢和侯德榜诞辰 100 周年纪念大会，共忆科学家的家国情怀，弘扬科学家精神。

3.4.2 学术交流活动的恢复和发展

在党的十一届三中全会精神的指引下，中国科协二大明确"学术交流活动是科学技术发展进程中的一个重要环节"。随着中国科协和学会活动的恢复，学术交流活动也重新活跃起来。

（1）学术会议恢复

全国学会围绕经济建设这个党和国家的中心任务，积极组织各种学术会议，大型学术报告会和专题学术会议均得到恢复和发展，促进了学科发展，扩大了影响力。如 1980 年 9 月 17—23 日，中国天文学会的天文地球动力学、星表与天文常数、时间三个专业委员会联合在上海召开天体测量学术会议，出席单位有 50 多个，代表 94 人，列席 100 人，收到论文 99 篇。联邦德国、比利时、日本、法国、丹麦等国的专家参加了会议。1985 年 12 月，中国数学会在上海隆重举行成立五十周年年会，周培源、周光召等出席并讲话，美籍华裔数学家陈省身、法国数学家昂利·嘉当（Henri Cartan）等应邀出席。1987 年，中国大坝工程学会在北京承办了国际大坝委员会第五十五届执行会议，有 51 个国家的代表参加，中外来宾有 439 人。

（2）学术交流与科研攻关紧密结合

这一时期，围绕国家经济建设和科技发展中的重大课题，组织形式多样的学术交流活动，是学会学术活动的主要方向。一些学会开始联合起来，组织多学科的科技考察和学术讨论会，促进了一些新兴学科的发展，为科研攻关奠定了基础，形成了学术交流与科研攻关相结合的模式。如中国金属学会、中国机械工程学会、中国航空学会针对国际科学发展动向，通过多学科综合性学术交流，促成了断裂力学这门新兴学科在我国的发展。1976—1986 年，中国物理学会先后举办 6 次有关高温超导体研究的学术会议，推动了我国该领域学术思想发展、实验能力提高、人才队伍建设，为有关科研机构在世界高温超导研究中取得重大突破进行了必要的准备，成为学术交流与科研攻关相互促进的典型案例（图 3-4、图 3-5）。

图 3-4　中国物理学会理事赵忠贤带领团队进行超导体测试

图 3-5　1987 年关于 YBCO 高温超导体电磁性质研究的全体作者合影

（3）学术期刊恢复与繁荣

学术期刊是科协和学会开展国内外学术交流的重要园地和渠道，被誉为永不闭幕的高层次的学术会议。1981年11月，中国科协召开学术期刊编辑工作经验交流会，这是中华人民共和国成立后科技团体首次召开的这方面的专门会议。中国科协副主席裴丽生在会议上讲话，进一步明确了学术期刊的地位和作用，提出了对办好学术期刊的意见。在这样的环境下，中国科协和全国学会在恢复原有期刊的同时，积极创办新的学术期刊。学术期刊的数量快速增长，每年增长40种左右。到1981年，学术期刊总数已达250种。至20世纪90年代初，中国科协和全国学会主办的期刊已经达到358种，年发行量达3000万册，其中英文期刊21种。125种期刊发行交换到70多个国家和地区，成为国际民间学术交流的重要渠道。[①]

（4）学术活动服务科学决策

改革开放以来，全国学会围绕经济、科技、社会发展的重大问题，广泛开展学术活动，以学术成果为党和政府的决策提供依据。从1978年到20世纪90年代初，全国学会提供重大建议100余条，内容涉及科技发展、科技教育改革、行业发展政策等方面，产生了重大的经济效益和社会效益。

这一时期，中国农学会、中国水利学会、中国林学会、中国生态学学会等多次召开多学科综合性的农业现代化学术讨论会，以系列专题学术会议为依托，以高层次专家调研为抓手，着眼农业发展的战略性、引领性、方向性重大问题和难题，提出一系列专家建议，为在全国范围内实现农业现代化的科学决策做出了突出贡献，为制定和实施农业发展规划提供了科学依据和思想准备，促进了"大农业"思想的形成，成为以学术活动推动决策科学化的一个典型。1979年8月，中国农学会、中国水利学会、中国林学会等多个学会在哈尔滨召开东北地区农业现代化学术讨论会，明确提

---

① 邓楠.发展与责任——中国科协50年［M］.北京：中国科学技术出版社，2009：115.

出了我国农业发展要改变"以粮为纲"的单一经营思想，坚持因地制宜，农林牧副渔全面发展，建立合理平衡的农业生态系统，发展"大农业"。会议还结合东北三省实际，提出了加速农业发展和农业现代化进程的设想和建议。9 月 11 日，新华社做了报道，《人民日报》《光明日报》分别配发《拜专家为师》《解放思想促进农业现代化科学研究》的社论，对会议的成果予以报道和充分肯定。1982 年 6 月，在济南召开黄淮海平原农业发展学术讨论会，探讨了黄淮海平原农业发展的战略地位和战略目标，交流了黄淮海平原洪、涝、旱、盐碱、瘠瘦综合治理和农牧副渔综合发展的经验及科学试验成果，讨论了综合治理和农业发展的重要措施，并提出了 10 方面的具体意见。会议形成的《关于黄淮海平原农业发展学术讨论会的报告》上报国务院，并批转有关部委和五省二市参照实施，为国家计委、国家科委立项全面综合开发黄淮海平原提供了科学依据，打下了良好基础。1984 年 11 月，中国农学会组织在苏州召开上海经济区农业发展战略学术讨论会，提出了有关粮食购销、乡镇企业补农支农、发展创汇农业等多项建议，提出了《上海经济区农业发展几个战略问题的报告》，受到中央有关部门的重视并得到采纳。1986 年 10 月，中国农学会同中国林学会、中国水利学会等召开武陵山区农村综合开发治理学术讨论会，提出了《关于武陵山区农村综合开发治理的报告》和《对全国贫困地区实施 10 条特殊政策建议》。在这些建议的推动下，武陵山区扶贫开发正式被列为农牧渔业部重点工作。经过近 10 年的扶贫开发，这一地区发生了重大变化，绝大多数人口已解决了温饱问题。武陵山区综合开发治理工作受到国务院领导的重视和表彰。

（5）学术交流推动工业技术进步

这一时期，一些学会的学术活动还直接推动了工业技术的进步。如1979 年，已年近古稀的中国电子学会副理事长冯秉铨深入广东省汕头市超声仪器厂和韶关无线电厂进行考察和技术指导，并与全国许多工厂、研究所及军事科研机构进行技术合作。1980—1987年，中国电子学会联合中国金属学会、中国有色金属学会和中国轻工协会，共同召开了4次钨钼材料科学讨论会，提出12个攻关项目和63条技术措施，逐步扭转了过去低价出口钨砂换回高价钨材的极不合理的现象。经过几年努力，中国钨丝产品的产量明显提高，打入了国际市场。据1984年统计，中国出口的钨钼成品和半成品价值500万美元，利用国产钨丝生产的电子元件也已批量出口。

3.4.3 开展继续教育，促进科技人才成长

各学会从提高人员素质出发，积极开展继续教育，不断更新、补充科技工作者的知识，提高他们的技能。学会已经逐步成长为能向会员和科技工作者提供新知识、新技能的科技工作者之家。如中国兵工学会在1988年创办的兵器工程进修大学，成为中国兵器制造总公司的继续教育基地，拥有16所分校、250个辅导站，遍及全国22个省（自治区、直辖市），每年开设50多门课程，累计招生7.7万人。中国金属学会在20世纪80年代陆续编纂出版了《冶金继续教育工程丛书》39种书，深受冶金科技工作者欢迎。中国机械工程学会1983年创办了机械工程师进修大学（图3-6），

机械工程师进修大学第一次教学讨论会留影（1983年9月）

图 3-6　1983年机械工程师进修大学第一次教学讨论会成员留影

先后开设课程 100 多门，招收 20 多万人参加学习，仅机电一体化专业就招生 4.55 万人。1990 年 8 月，中华医学会在长春主办了全国继续医学教育研讨会，来自地方和部队的约 300 名医务工作者、教育工作者参加了会议。学会还设立了一批青年奖励基金项目，如中国化学会的"青年化学奖"、中国物理学会的"吴健雄物理奖"、中国矿物岩石地球化学学会设立的"侯德封奖"等，促进了青年科技人才的成长。

3.4.4 国际交流恢复与拓展

改革开放为中国社会主义现代化建设提供了动力，也使中国科协和所属团体的国际交流与合作活动开创了崭新的局面。中国科协和全国学会活动恢复后，按照"积极、稳妥、逐步开展工作"的方针，恢复并积极开拓国际交流渠道，开展国际学术交流与合作，为现代化建设服务。

至 1990 年年底，中国科协和所属全国学会与 20 多个国家的 40 余个民间学术组织建立了科技交流与合作关系，签订双边合作协议 36 项；举办国际会议 1300 余次，接待来访团组 3000 多个；派出近 6000 人次参加学术交流 1500 多次；参加了 191 个国际科技组织或地区民间科技组织，有 350 名中国科技专家在这些组织中任职，其中有 101 名担任理事、执行委员会委员以上职务。[①] 从 1980 年开始，中国科协及全国学会恢复了在中国举办国际科技会议的活动。1985 年，中国科协成立了中国国际科技会议中心，负责举办国际科技会议和展览，接待外国自费科技交流团。到 1990 年年底，中国科协和所属全国学会在国内举办的国际学术会议有 1300 多次，有 5 万名外国学者与会。1980—1986 年，中国科协和所属全国学会接待了近 2 万名外国学者，举办学术报告会 1000 多次；1987—1991 年，

---

① 邓楠.发展与责任——中国科协 50 年［M］.北京：中国科学技术出版社，2009：118-120.

接待来访团组 3000 多个，外籍学者 3 万余人。这些国际科技会议和接待活动，对中国科技界及时了解和掌握国外最新科技发展动向起到重要作用。

这一时期，全国学会在国际交流活动中空前活跃，积极参与或主办国际会议，举办国际展览，组织学术交流互访，恢复与国际组织的联系，加强了中国与国际科技界的联系，扩大了中国的国际影响。1979 年春，应美国科学促进会的邀请，中国电子学会副理事长冯秉铨作为中国科协代表团成员重访了美国，在 23 天里访问了 63 个科教单位。1979 年 7—8 月，蔡子伟等率中国农学会代表团一行 9 人赴日本访问。随后，中国农学会又派出以沈其益为团长的代表团，赴华盛顿出席第九届国际植物保护会议，并对美国进行了访问考察；选派以詹武为团长的代表团一行 4 人，出席在加拿大班夫镇召开的国际农业经济学家协会第十七届年会。1980 年 10 月，江苏省心理学会和南京师范大学共同接待了由乔治·米勒（George Miller）率领，包括赫伯特·西蒙（Herbert Simon）、伯特伦·福勒（Bertram Forer）等名家在内的美国心理学家代表团，并组织了相应的报告会和座谈会。从 1982 年起，中国化工学会与美国化学工程师学会在北京共同举办中美化学工程会议，旨在为中美化工界提供一个交流平台，推动双方的交流与合作。从 1989 年起，中国化工学会同德国化学工程与生物技术协会每三年在北京举行一次阿赫玛亚洲展（简称 ACHEM ASIA），展出国外新型化工机械设备和化工工程技术，介绍国外研究开发成果。1983 年，中国植物保护学会理事长沈其益率团赴英国参加国际植物保护大会（图 3-7）。1986 年，中国核学会在香港举办了核安全知识展览。1987 年 8 月底，中国古生物学会在北京召开第十一届国际石炭纪地层和地质大会，这是在中国召开的第一个规模较大的连续性国际地质科学讨论会，有 402 人与会，其中外宾 182 人，在 21 个分组讨论会上研讨了 244 份学术报告。1988 年 7 月 4—

7 日，中国气象学会与美国气象学会、澳大利亚气象学会联合在澳大利亚的布里斯班举办国际热带气象学术讨论会。会议有 16 个国家和地区的近 200 位学者参加，是一次规模大、水平高的会议。

图 3-7　1983 年国际植物保护大会上，中国代表团团长沈其益与英国农业部部长交谈

这一时期，学会还积极加入国际组织，与国际学术界恢复联系。如 1983 年，中国生物化学学会加入亚洲及大洋洲生物化学家与分子生物学家联盟。中国心理学会于 1980 年加入国际心理科学联合会，1984 年加入国际应用心理学协会，1990 年又加入亚非心理学会和国际测验委员会。1984 年 7 月，中国化工学会橡胶专业委员会加入国际橡胶会议组织。同年，中国物理学会加入国际纯粹与应用物理联合会，1990 年参与创建亚太物理学会协会。

3.4.5　为现代化建设建言献策

党的十一届三中全会以来，发展科学技术成为国家重大发展战略。中国科协带领全国学会围绕着经济建设中的重大科技问题，通过组织专家考证、调研等方式为现代化建设献计献策。

1978年3月18日，中国科协创办了内参刊物《科技工作者建议》（图3-8），该刊被中宣部列为重要内参刊物之一。至1987年8月，《科技工作者建议》出刊159期，著名科学家钱学森、钱伟长、高士其、侯学煜、沈其益、裴维藩、汪德昭、张文佑、吴中伦等都在该刊发表过重要建议，其中43项建议得到中共中央、国务院领导同志的重要批示或被有关部门采纳。

1978年7月，中国农学会在太原召开了全国农业学术讨论会，对加速发展

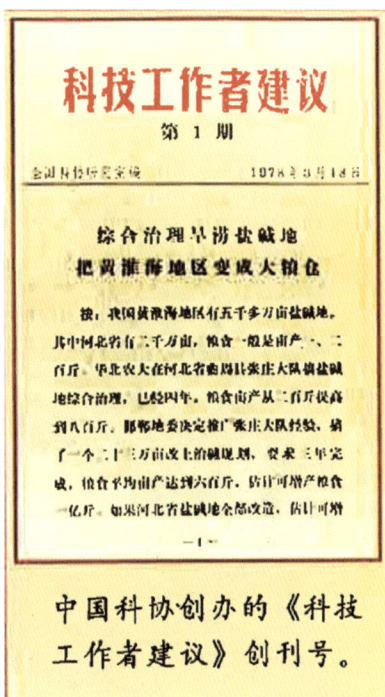

图3-8 《科技工作者建议》创刊号

我国农业生产和加强农业科研教育工作提出80多项建议。8月上旬，理事长杨显东率领由15名农业科学家组成的考察团赴大庆调研，提出了12项建议，帮助大庆制定了农业现代化规划。1979年，中国农学会副理事长沈其益提出的"综合治理旱涝盐碱地，把黄淮海地区变成大粮仓"的建议被国家计委和国家科委列入国家"六五"攻关项目。

1979年，上海宝山钢铁总厂委托上海市科协聘请20多个学会的40多名专家，组成以中国力学学会副理事长、上海市科协主席李国豪为首席顾问的宝钢顾问委员会。委员会积极参与宝钢重要决策和重大技术问题的论证，先后对桩基水平位移、宝钢建设的调整和长江引水工程等重大技术问题进行了科学论证，提出重大建议56项，取得显著的经济效益和社会效

益，被誉为宝钢的智囊库（图3-9）。

图3-9　中国力学学会副理事长李国豪（右一）在宝钢考察

　　1980年夏，中国科协组织多学科专家对安徽两淮地区煤炭资源和皖西自然资源的综合开发利用问题进行了考察，考察报告得到国务院领导同志批示。1982年4月至8月，中国数学会理事长华罗庚率领专家组三下淮南，对两淮地区煤炭的开发规划做了进一步考察和论证。4月一下淮南，专家组就初步绘制出两淮地区计划兴建的大中型矿井的各类工程施工和配套工程同步建设的统筹图，初步提出了两淮煤炭基地15年内的建设规模、开发顺序、建井工期及配套工程同步建设的方案。6月和8月，华罗庚率领专家组二下、三下淮南进行咨询论证，并召开了开发两淮煤炭方案论证会，提出缩短建井周期并新建矿井以提前两年出煤的方案。论证方案于9月7日被国家计委正式批准，列入"六五"计划，在国家经济建设中发挥了重要作用（图 3–10、图 3–11）。

图 3-10　华罗庚（左四）在淮南煤炭基地考察（1）

图 3-11　华罗庚（前排右三）在淮南煤炭基地考察（2）

中国能源研究会组织 170 多个科研单位的 500 多名专家，召开会议 100 余次，于 1982 年 7 月完成了 60 多万字的《中国能源政策研究报告》，在该报告基础上形成了《中国能源政策纲要建议》上报中共中央和国务院，指出我国能源供应严重短缺，提出开发和节能并重的能源发展战略。该建议被国家采用，成为制定能源发展政策的重要依据。1988 年，中国农学会和中国食品科技学会联合地方科协和学会，组织专家进行深入的国情调查和研讨，向中共中央、国务院提出了关于合理调整中国食物结构的建议。中国林学会、中国造纸学会组织专家联合论证，于 1987 年提出了"林纸结合是发展我国林业和造纸工业必由之路"的建议，促使多年来林纸分割的局面开始改变。为配合"国际减灾 10 年"活动，中国水利学会、中国地震学会、中国地球物理学会等 14 个全国学会于 1990 年 10 月召开全国减轻自然灾害研讨会，对洪、涝、旱、地震、滑坡、泥石流、水土流失、风、火、冰雹、海啸和风暴潮等灾害的现状和未来进行分析、预测，提出对策建议。

1988 年 10 月 16—19 日，由中国科协主办，中国农学会牵头，中国农业工程学会、中国营养学会、中国水产学会等 20 个全国学会联合举办全国食物发展学术讨论会，从宏观上就我国食物发展战略、营养膳食结构、食物资源开发利用等问题提出了 10 项建议，为国务院制定《九十年代中国食物结构改革与发展纲要》提供了科学依据。

这一时期，全国学会开展的学术交流活动还为有关部门制定相关政策、规范和长远规划提供了一定参考。20 世纪 80 年代，中国航海学会副理事长周启新参与国家标准化委员会组织的《全国民用船型型谱系列》的审定工作，简化和统一了运输船舶的船型。他还参与国家《公路、水运技术政策》的制定工作，组织起草《交通部科学技术发展 10 年规划（1985—1995 年）》的编写工作，并主持有关水运各专题的审查工作，促进了交通科技进步，为发展交通科技事业做出了贡献。中国计算机学会、中国电机工程学会、中国电工技术学会、中华医学会等学会，受国务院有关部门委托，通过学术讨论拟定了计算机和汉字终端系列型谱、超高压输电线路等级、食品卫生法、肝炎防治方案等法规、标准和规范。

3.4.6 推动科普事业发展，弘扬科学精神

改革开放以来，全国学会始终以弘扬科学精神、维护科学尊严、大力传播科学知识为己任，成为科普工作的主力军。

以农业方面为例，针对农村经济体制改革后广大农民依靠科学技术脱贫致富的迫切要求，许多学会组织大批科技工作者深入农村，广泛开展群众性科技活动，普及先进实用技术，推动广大农户科学务农，实现脱贫致富。学会为农村专业技术协会提供智力支持，使得其中一部分发展为技术经济联合体，推动农村经济发展和农村产业结构调整，为振兴农村经济做出了贡献。1979 年 5 月开始，中国科协与中央人民广播电台联合举办《农业现代科学技术知识》专题广播，以后每年由中国农学会组稿 30 余期，并配合科学普及出版社编写出版《农业现代化》丛书。1981 年，中国科协、中国农学会、农牧渔业部和中央人民广播电台联合开办中国农业广播学校，拉开了以广播为载体对广大农民进行大规模培训活动的序幕。

除了农村科普工作在这一时期取得突破性进展，群众性科普也得到了恢复和发展。早在 1977 年，中华护理学会刚刚恢复活动，副理事长王琇瑛就开始奔赴各地宣传护理工作的重要性、科学性和社会性。她作为中华护理学会科学普及委员会的主任委员，组织编写了《家庭护理》一书，对宣传护理专业、普及护理知识起到一定的作用。中国林学会自 20 世纪 80 年代以来，每年都举办各种形式的植树节科普宣传活动、科技周林业科普活动、科普日林业科普活动。

青少年是祖国的未来、科学的希望。开展青少年科技活动是中国科协领导下全国学会的重要活动内容。1979 年 10 月，中国科协与有关部门一道在北京联合举办全国青少年科技作品展览，邓颖超担任组委会名誉主

任，为展览剪彩并致开幕辞。叶剑英、邓小平、宋庆龄分别为展览会题词。从 1979 年开始，中国数学会、中国物理学会、中国化学会、中国计算机学会、中国植物学会、中国动物学会分别举办全国高中生数学、物理、化学和计算机竞赛。1984 年 2 月，邓小平在上海观看了两名小学生的电脑操作表演后，指出，"计算机普及要从娃娃抓起"。同年，中国计算机学会创办全国青少年计算机程序设计竞赛，王震出席首届竞赛的颁奖大会。科技夏令营活动作为学会的传统活动，也在这期间得到了发展。林学夏令营活动创始于 1983 年，是中国林学会面向青少年普及科学知识、弘扬科学精神、倡导生态文明理念的重要平台。截至第 30 届林学夏令营活动，直接受益青少年逾 4 万人次，活动范围覆盖全国 31 个省（自治区、直辖市）。1984 年 7 月 14—24 日，在农牧渔业部、中国科协的支持下，中国农学会在北京举办全国青少年首届农学夏令营，招收来自 22 个民族的营员 108 名（其中辅导员 12 名），深受青少年欢迎。一些学会还组织科普创作评奖活动。如 1980 年，中华医学会、中国防痨协会、中华护理学会、中国生理学会、中国解剖学会联合主办了第一届全国医药卫生科普优秀影片奖评选活动。同年，中国电子学会主办了全国电子科普优秀影片奖评选活动。

4

勇攀高峰，科教兴国

　　20 世纪 90 年代以来，改革开放进一步深入，中国经济快速发展，科技水平稳步提高。随着科教兴国战略的实施，一场新的科技进步热潮在中华大地掀起。奋进中的全国学会迎来了大展宏图的黄金时代。

　　1995 年 5 月 6 日，中共中央、国务院做出《关于加速科学技术进步的决定》。5 月 26—30 日，中共中央、国务院在北京召开全国科学技术大会（图 4-1）。这次大会被誉为中国科技发展史上的又一个里程碑。江泽民在

图 4-1　1995 年 5 月全国科学技术大会会场

会上发表讲话指出："科教兴国，是指全面落实科学技术是第一生产力的思想，坚持教育为本，把科技和教育摆在经济、社会发展的重要位置，增强国家的科技实力及向现实生产力转化的能力，提高全民族的科技文化素质，把经济建设转移到依靠科技进步和提高劳动者素质的轨道上来，加速实现国家的繁荣昌盛。"科教兴国战略的首次提出，是确保实现我国现代化建设三步走战略目标的又一重大决策。1996 年，八届全国人大四次会议正式提出把科教兴国定为基本国策。根据这一战略部署，党中央和国务院号召广大科技工作者担当起解放和发展科学技术第一生产力的重任，为祖国的繁荣昌盛贡献力量。1999 年 8 月，全国技术创新大会在北京召开，全面部署贯彻落实《中共中央、国务院关于加强技术创新，发展高新技术，实现产业化的决定》。江泽民在大会上发表了重要讲话，指出全面实施科教兴国战略，大力推动科技进步，加强科技创新，是事关祖国富强和民族振兴的大事。他号召全国广大科技工作者努力在科技进步与创新上取得突破性进展，团结一致地向新科技革命进军、向社会主义现代化建设的广度和深度进军。1999 年 10 月 18—21 日，中国科协首届学术年会在浙江省杭州市举行。年会主题为"面向 21 世纪的科技进步与社会经济发展"。大会设立 27 个分会场，数千名科技工作者围绕主题开展了广泛的学术交流与研讨。从 2006 年起，综合性、跨学科、开放性的学术年会转型为大科普、学科交叉、为举办地服务的综合型科协年会，由中国科协与省级人民政府联合举办，截至 2021 年已举办了 23 届。

在科教兴国战略的指引下，在中国科协的组织和指导下，全国学会将服务于全党全国工作大局放在突出位置，勇担解放和发展科技第一生产力的重任，面向经济建设，努力攀登科学技术高峰，铆足干劲向新科技革命进军。为实现这一历史重任，中国科协于 1991 年、1996 年和 2001 年召开第四次、第五次、第六次全国代表大会。

4.1　中国科协四大：向新科技革命进军

1991 年 5 月 23—27 日，中国科协第四次全国代表大会在北京隆重举行（图 4-2），来自全国各地，包括港澳台地区的 1693 名代表出席大会，组成全国学会代表团 14 个，地方科协代表团 30 个，以及港澳台科技工作者代表团。江泽民、李鹏、乔石、宋平、李瑞环等党和国家领导人出席了大会。

图 4-2　1991 年 5 月中国科协第四次全国代表大会会场

这次大会的中心任务是：动员全国各族科技工作者，肩负起 20 世纪 90 年代的历史重任，为实现《国民经济和社会发展十年规划》和"八五"计划贡献才智，为科技兴国建功立业。江泽民代表党中央和国务院在大会上作了重要讲话，明确提出了坚持科学技术是第一生产力，把经济建设真正转移到依靠科技进步和提高劳动者素质的轨道上来，要求广大科技人员充分认识到自己肩负的历史责任，解放思想，振奋精神，在新的科技革命中大显身手。中国科协主席钱学森作了题为《九十年代中国科技工作者的历史责任》的工作报告。

大会修改了《中国科学技术协会章程》，修改后的章程确立中国科学技术协会是科学技术工作者的群众组织，是中国共产党领导下的人民团体，是党和政府联系科学技术工作者的纽带和发展科学技术事业的助手。中国科协的宗旨是团结和组织科学技术工作者，以经济建设为中心，促进科学技术的繁荣和发展，促进科学技术的普及和推广，促进科学技术人才的成长和提高，为社会主义物质文明和精神文明建设服务；反映科学技术工作者的呼声，维护科学技术工作者的合法权益，为科学技术工作者和科学技术团体服务。大会选举出了由 298 名委员组成的中国科协第四届全国委员会。会议选举朱光亚为主席，王连铮等 14 人为副主席。

4.2 中国科协五大：实施科教兴国战略

在全党全国人民贯彻落实党的十四届五中全会和全国人大八届四次会议精神，为实现"九五"计划和 2010 年远景目标而奋斗的新形势下，1996 年 5 月 27—31 日，中国科协第五次全国代表大会在北京隆重举行，来自全国各地，包括港澳台地区的 1129 名代表参加了会议。江泽民、李鹏、乔石、李瑞环、朱镕基、刘华清、胡锦涛等党和国家领导人出席了开幕式。

大会的中心任务是：团结和动员全国各族科技工作者奋力拼搏，为实现科教兴国和可持续发展战略，实现"九五"计划和 2010 年远景目标而奋斗。时任中共中央总书记、国家主席、中央军委主席江泽民代表中共中央、国务院发表了重要讲话，对科技工作者提出了四点希望：一是继续高举爱国主义旗帜，坚持建设有中国特色社会主义的政治方向；二是围绕实现"两个转变"，大力加速科技进步；三是加强基础研究，勇攀科技高峰；四是坚持普及科学知识和弘扬科学精神，促进社会主义精神文明建设。朱光亚代表中国科协作了题为《团结拼搏，为实施科教兴国战略、实现"九五"计划和 2010 年远景目标而奋斗》的工作报告。大会修改了《中国科学技术协会章程》，进一步明确中国科协是"国家发展科学技术事业的重要社会力量"，在宗旨中增加了"促进科学技术与经济结合"等内容。大会选举出了由 299 名委员组成的中国科协第五届全国委员会。会议选举周光召为主席，王选等 16 人为副主席。

4.3 中国科协六大：创造科教兴国新业绩

随着"九五"计划的完成，现代化建设第二步战略目标实现。在国家进入全面建设小康社会、加快推进社会主义现代化、开始实施"十五"计划的形势下，2001 年 6 月 21 — 25 日，中国科协第六次全国代表大会在北京隆重举行。来自全国各地，包括港澳台地区的 1075 名代表参加了会议，江泽民、李鹏、朱镕基、李瑞环、胡锦涛、尉健行、李岚清等领导人出席大会。

中国科协六大是我国科技工作者在新世纪的首次盛会。大会的中心任务是：高举邓小平理论伟大旗帜，团结和动员广大科技工作者，努力实践"三个代表"的重要思想，积极投身科教兴国事业，为完成"十五"计划，加快推进改革开放和社会主义现代化建设而努力奋斗。江泽民出席大会并作重要讲话，要求广大科技工作者坚持实施科教兴国和可持续发展战略，依靠科技创新，实现生产力的跨越，鼓励原始创新，努力攀登世界科学高峰。中国科协主席周光召主持开幕式并作了题为《在新世纪创造科教兴国新业绩 为实现"十五"计划和中华民族伟大复兴作出新的贡献》的工作报告。大会修改了《中国科学技术协会章程》，对中国科协的性质作出明确规定："中国科学技术协会是中国科学技术工作者的群众组织，是中国共产党领导下的人民团体，是党和政府联系科学技术工作者的桥梁和纽带，是国家推动科学技术事业发展的重要力量。"章程中增加了"弘扬科学精神、普及科学知识、传播科学思想和方法"等内容。大会选举出了由300名委员组成的中国科协第六届全国委员会。会议选举周光召为主席，王选等16人为副主席。

4.4 全国学会为实现科教兴国而奋斗

全国学会经历了20世纪80年代的繁荣发展，至1991年中国科协四大召开时，数量增至159个。自20世纪90年代后，尤其是21世纪以来，全国学会在科技体制改革、政府机构改革、社会体制改革的形势下，坚持解放思想，转变观念，在中国科协的积极推动下不断探索，由点到面，逐步进入了稳定持续发展与调整改革的新时期。

早在20世纪80年代中期，随着我国经济体制改革的深入发展和对外开放的形势要求，科技体制改革逐步提上了日程。面对新形势，科协领导层就充分认识到科协及学会工作改革的紧迫性与必要性。周培源提出，全国学会是科协的基础，增强学会活力，使学会充满生机是整个科协的生命所在，是科协改革的中心环节。学会向多类型、多层次方向发展，切实做到民主办会，贯彻"双百"方针，努力提高学术会议质量，积极兴办各种事业，巩固了科协及所属团体的物质基础。1992年8月15日，中国科协第四届常务委员会第六次会议审议并通过了《关于中国科协所属全国性学会改革设想（征求意见稿）》，明确了新形势下学会改革的目标和方向，提出了学会改革的总体要求，由此拉开了中国科协和全国学会的改革序幕。

21 世纪以来，学会改革步伐逐步加快。2001 年，中国科协颁布了《关于推进所属全国性学会改革的意见》，决定组织新一轮学会改革试点工作，强调以学会会员为主体，实现民主办会，建立和完善自立自强和自律的运行机制；改进和丰富活动方式方法，提高活动质量和水平，进一步树立学会的学术权威性和鲜明的社会形象，增强对广大会员的凝聚力与吸引力，推动全国学会成为满足党和国家以及科技工作者需要、适应社会主义市场经济体制、符合科技团体活动规律、具有中国特色、充满生机和活力的现代科技团体。至 2003 年 10 月，中国科协公布了第一批 40 个改革试点名单。至 2004 年年底，有 70% 以上的学会制订了比较完善的学会改革方案，明确了改革目标和任务，逐步切实推进各项改革措施。

十余年间，全国学会始终围绕实施科教兴国、人才强国和可持续发展战略，努力践行"学术交流主渠道、科普工作主力军、国际民间科技交流主要代表、科技工作者之家"（即"三主一家"）的工作定位，在开展学术交流、开展科普工作、服务科技与社会发展、开展国际科技交流等方面做了大量卓有成效的工作，为推动科技创新、实现生产力跨越、推进社会主义现代化建设做出了应有贡献，在经济社会发展中的影响力日益增强。

4.4.1 构建学术交流活动主渠道

20 世纪 90 年代以来，学会的学术交流活动日趋活跃，专业性学术交流和交叉学科跨领域学术交流不断增多，学术期刊进一步发展。全国学会结合自身专业特色开展了不同形式、不同内容的学术交流活动。例如，1994 年，中国电机工程学会在江西召开全国电力系统规划学术年会，对以三峡工程为中心的全国电网互联工程，以及大区电网内部或省区之间的联网工程等，进行了规划讨论。1995 年 5 月，中国数学会在北京举行了中国数学会第七次代表大会暨六十周年年会，朱光亚、路甬祥等出席，陈省身、丘成桐等应邀出席并作学术报告。学术期刊是全国学会开展学术交流的主要平台之一。20世纪90年代以来，全国学会主办的期刊蓬勃发展，形成具有代表性的期刊群。截至2006年年底，全国学会主办的科技期刊有892种，占我国科技期刊总数的18.6%。

4.4.2 打造科普工作主力军，推动科普工作法治化

1994年12月5日，《中共中央 国务院关于加强科学技术普及工作的若干意见》明确指出："科普活动涉及全社会，有必要对政府、团体、公众对普及科学技术知识的行为、权利和义务进行法律规范。"为响应这一号召，中国科协及全国学会积极参与《中华人民共和国科学技术普及法》（图4-3）的制定，认真履行职责，在草案拟定过程中进行讨论修改，献计献策，为制定这一法律做出重要贡献。

2002年6月，世界上第一部科普法《中华人民共和国科学技术普及法》颁布实施。在《中华人民共和国科学技术普及法》的指导下，全国学

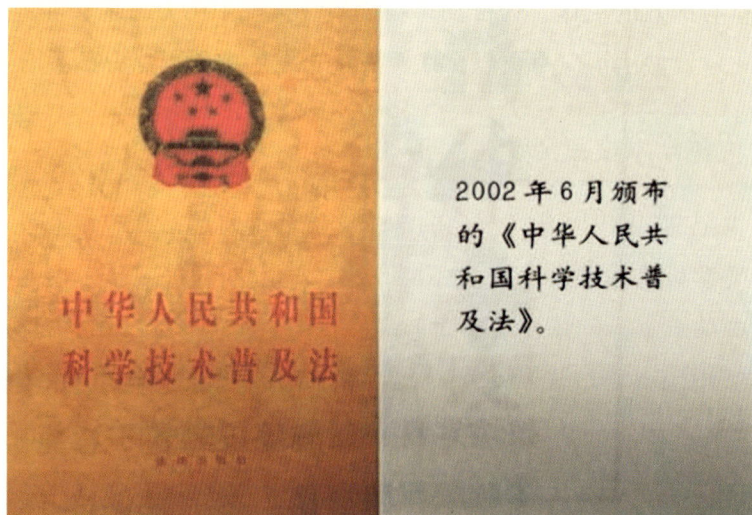

图4-3 《中华人民共和国科学技术普及法》

会以其科技人力资源优势为依托，深入组织和参与各种形式的科普活动，活动规模、次数和参与的科技人员数量都有较快增长，体现了全国学会科普活动的特色，深受群众的欢迎。仅 2005 年，各级学会举办科普讲座2059 次，听众达 265 万人次；举办科普展览 495 次，观众达到 101 万人次；举办科普宣传 534 次、青少年科技竞赛 67 次，参加者达 302 万人次。在中国科协组织的全国"科技活动周"、全国"科普日"、突发事件的应急科普活动以及弘扬科学精神的活动中，都有全国学会的积极参与。2003年，严重急性呼吸综合征（曾称"传染性非典型肺炎"）疫情蔓延期间，中华医学会等全国学会在中国科协领导下，组织科技工作者参与抗击疫情和科普宣传。2005 年，人感染高致病性禽流感疫情流行期间，广东省热带医学学会与广东省预防医学会联合举办"广东省禽流感 / 流感专题学术研讨会"。2000 年，中国物理学会、中国化学会、中国生理学会、中华医学会、中国生物工程学会、中国自然科学博物馆学会联合在北京举办"世纪辉煌——诺贝尔科学奖百年展"，并到全国各地巡展，大力弘扬科学精神。

20 世纪 90 年代以来，中国科协鼓励全国学会和广大科技工作者通过各种渠道向青少年传播科学知识、科学方法和科学精神，并通过青少年将其所学到的科学知识传播到家庭和社区，从而形成社会性科普传播网络。如 1995 年 5 月举办的青少年科技传播行动，由中国生态学学会等 45 个学会共同倡议发起，成为具有广泛影响的青少年科技教育活动。1996 年，中国电机工程学会和北京电机工程学会联合举办"北京 1996 电力青少年科技夏令营"活动。中国宇航学会为了更好地开展青少年科普活动，在包括港澳台在内的全国范围内设立中华青少年航天科普基金。在 2005 年"世界物理年"期间，中国物理学会在全国范围内组织了大约有 2 万名青少年参加的"物理照耀世界"光束传递活动。同时，在全国范围内动员和组织科学家在青少年中开展形式多样的"大手拉小手——青少年科技传播行动",向青少年宣传物理学对人类文明的巨大贡献,使物理走近大众。

与此同时,学会科普工作也逐步向深度发展。例如,中国农学会积极参与农民科学素质标准制定工作,中国计算机学会多年来坚持组织并参与对吕梁山区青少年的计算机技术普及活动,中华医学会组织城市社区卫生科普试点示范活动,等等。

4.4.3 努力成为国际民间科技交流主要代表

20 世纪 90 年代以来,全国学会的国际民间科技交流活动更加广泛,同国际组织的联系日趋紧密。至 2006 年年底,全国学会有 400 位科学家在 154 个国际组织中任职,其中 100 余位担任执行委员会委员等领导职务,增强了全国学会的国际参与能力和在国际科技组织中的话语权,扩大了中国在国际科技交流中的影响。与此同时,全国学会积极承办和参与国际学术会议已经成为趋势,增强了学会在国际科技界的影响力。

1992 年,中国昆虫学会承办第十九届国际昆虫学大会,与会代表 4000 人,外宾 2200 人,在当时是中华人民共和国成立以来在中国举行的规模最大的国际会议,在国际学术界引起广泛关注,扩大了中国的国际影响。1996 年,中国农学会派遣考察团一行四人赴美考察访问,与美国三个农业团体达成协议,开拓了对美农业交流和研修的渠道。1997 年,中国解剖学会在北京成功举办了第十四届国际形态学大会,1999 年又在北京成功举办第二届亚太国际解剖学者会议。特别值得关注的是,2000 年 8 月 21 日,中国电子学会、中国计算机学会和中国通信学会联合举办了被誉为国际信息技术领域"奥林匹克大会"的第十六届世界计算机大会,来自世界 70 多个国家和地区的 2000 多人出席了大会开幕式,时任中国国家主席江泽民出席大会开幕式并致辞,副总理吴邦国及相关部委领导出席了会议。这是世界计算机大会 30 年来第一次在一个发展中国家召开,提升了中国在国际计算机领域的影响力。

2002 年，中国数学会主办的第二十四届国际数学家大会在北京召开（图 4-4），来自 100 多个国家和地区的 2000 多名外国数学家和 1000 多名中国数学家出席了这个四年一度的国际盛会，江泽民出席开幕式，并应国际数学联盟主席帕利斯（Jacob Palis）的邀请，为本届菲尔茨奖获得者颁奖。国际数学家大会被誉为国际数学界的"奥林匹克"，是最高水平的全球性数学科学学术会议，大会颁发的菲尔茨奖被誉为数学领域的"诺贝尔奖"。这是 100 多年来中国第一次主办国际数学家大会，也是发展中国家第一次主办这一大会。这次大会为中国科学家带来了向国际同行学习并以更广泛的规模展开合作的机遇。

2003 年 9 月，中国通信学会承办的第四届中国（北京）IMT-2000 移动通信国际论坛在北京召开。国际主要 3G 标准组织和产业联盟的领导、

图 4-4　2002 年第二十四届国际数学家大会会场

国内外 3G 运营商、知名设备制造商及科研教学单位的技术专家共 500 多人出席了会议。2004 年 5 月，中国植物保护学会主办的第十五届国际植物保护大会在北京举行，来自 59 个国家和地区的 2061 名代表参加了会议。大会收到论文 2412 篇。会议期间，中国植物保护学会正式当选为国际植物保护大会理事会成员，中国植物保护学会理事长成卓敏研究员当选为理事。2004 年 8 月，中国心理学会承办的第二十八届国际心理学大会在北京举行，参会的各国代表有 6500 人，来自 78 个国家。这次大会是国际心理学界 100 多年来第一次真正在发展中国家举办国际心理学大会。2004 年 9 月，中国化工学会在北京组织召开了国际橡胶会议。2005 年，中国科学技术史学会承办第 22 届国际科学史大会。这些高层次、高水平国际会议的召开有力地提升了中国在国际科技领域的影响力。

4.4.4　推动科技与经济相结合

20 世纪 90 年代以来，在党中央关于"经济建设必须依靠科学技术，科学技术必须面向经济建设"方针指引下，在中国科协的领导下，全国学会按照"大力发挥科学技术先导作用，服务国家经济建设"的精神，组织广大科技工作者投身经济建设主战场，在农村和城市开展各项科技服务。

1989 年，国务院《关于依靠技术进步振兴农业加强农业科技成果推广工作的决定》发布。1991 年 11 月，《中共中央关于进一步加强农业和农村工作的决定》发布，要求实施科教兴农战略，促进农村经济全面发展。在这一背景下，全国学会在中国科协的带领下积极为农民提供各种技术培训和咨询，开展了送科技下乡、科技扶贫等一系列活动，有力改善了农村经济面貌。以科教兴村这一实现科教兴国战略的重要举措为例，1995 年 11 月，中国农学会在江苏省华西村召开全国科教兴村学术研讨会，42 人出席会议，交流论文 30 篇，会后编辑出版了《中国科教兴村理论与实践》。1996 年 8 月，中国农学会认定并公布"全国科教兴村计划首批试点村"34 个，9 月，在山西省汾阳市召开全国科教兴村计划试点交流及研讨会，出席会议的代表有 186 人，交流论文 60 余篇。1997 年，中国农学会第七次全国代表大会暨八十周年华诞庆典在北京召开，江泽民为中国农学会题词："发挥桥梁和纽带作用，为科教兴农作出更大的贡献。"

1989 年 11 月，《中共中央关于进一步治理整顿和深化改革的决定》发布，要求深化经济体制改革，提高国有大中型企业和乡镇企业的技术水平。全国学会积极响应这一号召，在坚持开展技术开发、技术转让、技术咨询、技术服务活动的同时，重点开展了以"金桥工程"和"千厂千会协作行动"为龙头的科技咨询服务，促进了科学技术成果向现实生产力转化，为我国经济社会全面协调可持续发展做出了重要贡献。

（1）金桥工程

1993 年年初，为促进科技与经济结合，中国科协第四届全国委员会第二次会议决定，在科协系统实施"金桥工程"，动员全国学会的广大科技工作者在经济与科技之间"架桥"，促进科技成果转化。至 2005 年年底，全国共实施"金桥工程"项目十余万项，取得了良好的社会效益和经济效益，成为科技工作者参与性强、政府满意度高、企业和农民受益大的"标志工程"。例如，中华医学会配合"金桥工程"的实施和卫生部"十年百项科技成果推广计划"，在全国实施"中华医学会重点推广工程"，先后推广了"茶色素""血脂康""降纤酶"等几十项重点科技成果，并组织了中华医药科技成果推广展览会。北京市金属学会努力调动首都科研单位科技人员的积极性，架企业需求的"金桥"，"十五"期间大幅度提高了企业技术创新水平；组织实施"金桥工程"36 项，获得经济效益 2.35 亿元，经济社会效益显著。安徽省蚕学会在 1997 年实施提高蚕茧质量的"金桥工程"——优质蚕茧丝开发工程，获得成功。以此为突破口，安徽省蚕学会相继组织实施了"优质桑园基地建设""出口生丝生产基地建设""家蚕天然彩色茧丝的开发"和"家蚕天然彩色茧丝绸产品研发"系列"金桥工程"，创新成果天然彩色茧丝得到有关部门和国际同行的认可。通过这一系列活动，产业化生产链形成，达到了蚕农增收、企业增效、政府满意的预期效果。中国钢铁协会、中国金属学会与山东莱芜钢铁集团有限公司合作，几年内完成"金桥项目"88项，增加利税13842万元，节约资金1700万元，获得经济效益1.3亿元，累计获得国际科学技术进步奖1项、山东省科学技术进步奖42项。

（2）千厂千会协作行动

1997年，为落实中央提出的"利用三年左右时间，使大多数国有企业摆脱困境"的号召，中国科协与国家经济贸易委员会组织开展了"千厂千会协作行动"。1998年，"千厂千会协作行动"进入项目全面实施阶段。至1999年，已有1995个厂会结成的对子进入了"千厂千会协作行动"，完成项目537项，为国有企业解困增收做出了很大贡献。例如，绵阳市金属学会与亏损的大型企业四川长城特殊钢有限责任公司之间的厂会协作，共完成了23项课题，其中两项课题的产品达到国际先进标准，12项课题的产品填补国内空白。该企业1998年上半年比1997年同期减亏83％。又如，昆药集团重庆武陵山制药有限公司长期以来每年亏损几十万元，企业处境非常艰难。重庆市中医药学会与该企业结成对子，通过开发中成药新产品、开拓销售市场等措施，帮助该企业基本遏制了连年亏损的势头，使企业向着良性方向发展。截至2005年年底，全国学会同企业结成5000多个对子，学会为企业提供技术咨询、技术诊断、技术攻关服务，帮助企业节能减排、减少污染，提高经济效益；企业为学会提供资助。双方优势互补，实现共赢。

4.4.5 建言献策，促进决策科学化

全国学会以学术交流为依托，围绕经济建设、科技进步和社会发展中的重大问题开展研讨、论证，向党和政府有关部门建言献策，促进决策的科学化和民主化。

1991年，中国水利学会、中国农学会、中国城市科学研究会等16个学会的60多名专家对淮河流域进行考察，提出了治理苏皖水患的思路与建议。自1993年起，中国林学会、中国畜牧兽医学会、中国水产学会等全国学会每年组织专家开展农、林、牧、渔生物灾害调查研究和学术研讨，编写调研报告，由中国科协报送国务院，为防御生物灾害提供决策咨询。1993年，在互联网发展初期，中国药学会科技开发中心承办了国家项目——全国医药经济信息网（图4-5）。项目实施以来，经卫生部批准，中国药学会科技开发中心在全国主要城市重点医院布网，采集医院用药数据。此项工作被纳入药政管理工作，从而为政府决策起到了积极作用。1998年，中国农学会成立中国农业专家咨询团（图4-6），集聚了当时我国农业科技界120余位院士和学科带头人，为国家农业决策、重大项目考察论证、区域经济发展做了大量工作，成为促进我国农业科技和产业发展的重要智库。中国农业专家咨询团相继在遏制草原沙漠化和草原保护、绿色产业发展、三江源生态保护等重点、热点、难点问题上提出了科学的建议，受到国家有关部门的重视；在广泛调查研究的基础上，向党中央、国务院领导同志和有关部门提出了《关于组织实施"农业及入户示范"的建议》《关于加大农业野生植物资源保护力度的建议》《关于加快食用菌产业化发展的建议》等多项建议，得到了党和国家领导同志的重视和肯定。

图 4-5　全国医药经济信息网成立仪式

图 4-6　中国农业专家咨询团成立大会会场

　　中国仪器仪表学会在全国开展仪器仪表产业发展状况调研活动，并在王大珩院士主持下完成了《关于振兴我国仪器仪表产业的对策与建议》调研报告，被列入国民经济与社会发展"十五"计划。2000 年，青藏高原研究会开展"西藏昌都地区发展战略"研究工作，就昌都地区 21 世纪初期的发展战略提出若干建议，形成《西藏昌都地区发展战略咨询报告》，为昌都地区制定"十五"发展规划提供了科学依据。

4.4.6　推进实施科技奖励，促进科技人才成长

　　实施科教兴国战略，关键是人才。科技奖励工作是助力科技人才成长的重要手段。1999 年，科技部颁发《社会力量设立科学技术奖管理办法》，鼓励社会力量参与科技奖励，为学会开展科技奖励工作提供了有利条件。至 2005 年年底，学会独立或参与设立的科技奖项已有 70 多项。例如，中国化学会和中国力学学会在 1997 年联合设立中国流变学青年奖，旨在鼓励青年学者，加强流变学人才的培养。中华医学会在 2001 年设立中华医学科技奖，成为全国医药行业公认的最高学术奖项。中国林学会募集 500多万元建立梁希科技教育基金，并针对我国林业科技原始创新能力薄弱、成果储备不足、科技资源分散、优秀拔尖人才短缺和人才队伍不足的现状，分设梁希科学技术奖、梁希青年论文奖、梁希优秀学子奖、梁希科普奖四个奖项，其评选结果经国家林业局认可，已经成为国家林业局重奖科技人员和申报国家科学技术进步奖的重要依据。中国汽车工程学会主动承担了中国汽车工业技术进步奖评审和管理工作，并制定《汽车工业科学技术成果（鉴定）办法（试行）》以规范汽车行业科技成果评奖活动。此外，还有很多全国学会设立了诸多奖项，例如，中国机械工程学会设立了中国机械工程学会科技成就奖，中国电机工程学会承办了中国电力科学技术奖评选工作，中国土木工程学会设立了中国土木工程詹天佑奖，中国营养学会设立了中国营养学会科学技术奖，等等。

5

自主创新，建设创新型国家

党的十六大以来，党中央提出实施自主创新战略，建设创新型国家。这是机遇，是挑战，是全体科技工作者施展才华的广阔舞台。

5.1 中国科协七大：增强自主创新能力

党的十六大召开后，党中央牢牢把握经济全球化的国际环境和科技日新月异的发展趋势，在认真总结我国经验、深入分析我国发展阶段特征的基础上，坚持走中国特色自主创新道路，聚焦创新型国家建设，把增强自主创新能力作为调整经济结构和转变经济发展方式的中心环节。

2006 年 1 月，全国科学技术大会在北京隆重召开，这是党中央、国务院在 21 世纪召开的第一次全国科学技术大会，是全面贯彻落实科学发展观，部署实施《国家中长期科学和技术发展规划纲要（2006—2020 年）》，加强自主创新、建设创新型国家的动员大会。时任中共中央总书记、国家主席胡锦涛明确提出，到 2020 年，使我国的自主创新能力显著增强，进入创新型国家行列，为全面建设小康社会提供强有力的支撑。大会确定了"自主创新，重点跨越，支撑发展，引领未来"的指导方针。这次大会也成为我国科技发展史上的又一个里程碑。2007年10月，胡锦涛在党的十七大报告中进一步指出："提高自主创新能力，建设创新型国家。这是国家发展战略的核心，是提高综合国力的关键。"党的十七大明确要求坚持走中国特色自主创新道路，把增强自主创新能力贯彻到现代化建设的各个方面，为夺取全面建设小康社会新胜利而奋斗。面对新形势、新任务，2006年5月23—26日，中国科协第七次全国代表大会在北京隆重召开。胡锦涛、曾庆红、吴官正、李长春、罗干等党和国家领导人出席大会开幕式并亲切接见了全体代表。时任中共中央政治局常委、中央书记处书记、国家副主席曾庆红代表党中央向大会致祝词，对中国科协及全国学会的广大科技工作者提出了殷切希望。周光召受中国科协第六届全国委员会委托，作了题为《团结动员广大科技工作者 为提高全民科学素质 增强自主创新能力 建设创新型国家而努力奋斗》的工作报告。大会选举了中国科协第七届全国委员会委员350名，选举韩启德为主席，选举韦钰等16人为副主席。

中国科协七大提出"三服务一加强"，即为科技工作者服务、为经济社会全面协调可持续发展服务、为提高全民科学素质服务，切实加强自身建设。这一表述被正式写入中国科协章程，成为中国科协和全国学会的工作定位。2007年4月，全国学会工作会议又明确提出，学会是国家创新体系的重要组成部分。2008年，胡锦涛在纪念中国科学技术协会成立50周年大会（图5-1）上发表重要讲话，指出，科协组织"要积极参加国家创新体系建设，把开展学术交流、发挥学术交流对自主创新的重要作用作为学会的基本职责，积极搭建不同形式、不同层次的学术交流平台，积极推动科学家之间的交流，积极推动科学家和决策者、社会公众的交流，启迪创新思维，促进自主创新，推动产学研结合，推进科技知识传播和应用。"这进一步明确了科协组织的功能和定位，以及科协组织在创新体系中的重要作用。党和国家对学会作用的日益重视，为学会工作提供了更为广阔的发展空间。

图 5-1　2008 年 12 月纪念中国科学技术协会成立 50 周年大会会场

5.2　中国科协八大：加快创新型国家建设

2011 年 5 月 27—30 日，中国科协第八次全国代表大会在北京隆重召开（图 5-2）。1300 多名优秀科技工作者代表出席了这一盛会。时任中共中央政治局常委、中央书记处书记、国家副主席习近平代表党中央，作了题为《科技工作者要为加快建设创新型国家多作贡献》的祝词。

图 5-2 2011 年 5 月中国科协第八次全国代表大会会场

习近平在祝词中对广大科技工作者的积极贡献给予高度评价。他说："中国科协七大以来的五年，是我国发展史上极不平凡的五年，也是我国科技事业实现历史性跨越的五年。五年来，全国广大科技工作者不辱使命、不负重托，勇于实践、敢于超越，取得一大批关系经济社会发展全局、具有重大国际影响的科学技术成果，增强了科技对经济社会发展的支撑能力，在应对国际金融危机冲击、促进经济平稳较快发展、保障和改善民生中发挥了重要作用，为全面建设小康社会和加快建设创新型国家作出了积极贡献。广大科技工作者不愧为中华民族的优秀儿女，不愧为先进生产力的开拓者和先进文化的传播者。"

5.3 全国学会积极投身创新型国家建设

21 世纪以来，中国科协围绕党和国家工作大局，切实加强学会工作，不断推进全国学会改革与发展的步伐，学会价值和定位进一步明确，工作水平日益提高。全国学会在创新发展中日益壮大。截至 2012 年年底，中国科协所属全国学会和委托管理学会共 198 个，约占全国社会团体的 11%；中国科协团体会员学会 181 个，所属分支机构 3228 个，约占全国性社会团体分支机构的 36.8%；全国学会个人会员 433 万人。全国学会日益成为社会组织中一支不可忽视的力量。[①]

5.3.1 加强学术交流，繁荣科技发展

学术交流对原始创新有着至关重要的作用，是建设创新型国家的需要。在中国科协的引导和支持下，全国学会努力加强学术建设，积极搭建不同形式、不同层次的学术交流平台，推动学科交叉融合。据不完全统计，仅 2007 年，全国学会举办学术交流活动 3792 次，各级科协及所属团体举办学术交流活动 27070 次，交流论文 14 万余篇。

这一时期，全国学会举办了各具学科特色的学术年会，年会规模不断扩大，质量不断提高。例如，中国地理学会从 2001 年起建立学术年会制度，每年举行综合性大型学术年会，会议规模从早期的 300 人左右扩大到 2000 人左右，成为综合性大型学术交流平台。中国环境科学学会从 2002 年起，恢复举办每年一届的学术年会，发展为环境学界最具影响力的学术盛会，2010 年参会人数达到 2000 人。中国汽车工程学会的学术年会由单一主题的技术性研讨会，转变为综合性学术盛会，2010 年学术年会有参会代表 1500 人，专业会场 13 个，数百家汽车企业参会交流。中国心理学会主办的全国心理学学术会议已经召开了 22 届，自 2009 年起每年召开一次，规模已超过 2000 人，是国内心理学领域规模最大的学

---

① 中国科学技术协会.中国科协全国学会发展报告 2011［M］.北京：中国科学技术出版社，2011：1.

术交流平台。

一些学会还注重搭建高端前沿领域的学术交流平台。例如，中国物理学会从 2000 年起建立秋季学术年会制度，经十余年努力，已经从最初 200 人的规模发展到 2000 人的规模，成为物理学界的学术盛会，会议主题几乎涵盖物理学所有学科领域，报告数量和质量也有较大提升。

为加强人才培养，助力青年科技工作者成长，全国学会还积极打造青年学术会议制度。中国林业学会于 2006 年、2008 年和 2010 年分别在南京、哈尔滨和成都举办了第七至九届中国林业青年学术年会。其中第七届年会参会人数 500 余人，第八届、第九届年会参会人数均超过 700 人。在活动形式上，年会组织者充分考虑青年特点，尝试举办学术辩论赛，探索全新学术交流模式，吸引更多青年关注学会发展，调动广大林业青年学者的积极性。

这一时期，全国学会的学术期刊也持续繁荣发展，国际化水平逐步提高。截至 2010 年年底，全国学会主办或参与主办的科技期刊达 1003 种。科技期刊的网络化和国际化水平也不断提高，一些学会与国外学术组织合作办刊，或聘请外国专家担任编委。

5.3.2 大力开展科普活动，提高全民科学素质

在中国科协的倡导和推动下，2006 年 2 月，国务院颁布《全民科学素质行动计划纲要（2006—2010—2020 年）》，形成了大联合、大协作开展科普工作的机制和工作格局。全国学会围绕党和国家工作的大局，认真贯彻落实《全民科学素质行动计划纲要（2006—2010—2020 年）》，联合协作，务实进取，积极参加中国科协的全国"科普日"和"科技活动周"。多媒体和数字化成为科普工作的走向。学会通过社会化方式、信息化手段建立新的科普工作机制，提升了科普工作的质量，扩大了覆盖面，对提高

全民科学素质起到了重要推动作用。从 2006 年到 2010 年，学会举办的科普讲座从每年 3538 场增加到 5206 场，增长 47.1%；受众从每年 82 万人次增加到 492 万多人次。科普展览从 667 场增长到 886 场，增长 32.8%。另据不完全统计，自 2006 年至 2010 年，30 多个学会增设了科普工作委员会等相关机构，使拥有科普工作委员会的全国学会增加到 141 个，占全国学会总数的 70% 以上。全国学会设立的科普教育基地有 500 个以上。[1]

这一时期，全国学会开展科普活动的形式和手段进一步拓展，一些学会在官网设立科普平台，注重科普资源的数字化建设。例如，中国地震学会在中国地震科普网平台上设立以"5.12 防灾减灾日"为主题的科普宣传主页，开设"地震教育基地"和有关地震避险知识等内容的栏目，根据不同内容采取不同的介绍方式，如动漫等，宣传防震避险知识。学会还通过构建媒体网络进一步扩大科普效应，运用博客等手段开展宣传，扩大了科普受众面，提升了学会的社会影响力。中国通信学会 2010 年出版了《通信新技术普及丛书》，采用了面向社会大众全新的对话模式；除了纸版阅读，还开发了生动活泼的动漫视频光盘，满足读者的不同需求。

学会在科普工作中还注重品牌建设。中国力学学会每年定期组织"全国周培源大学生力学竞赛""全国空间轨道设计竞赛""全国中学生趣味力学制作邀请赛"等科普活动。中国宇航学会开展的"希望一号"卫星系列应用活动，受到胡锦涛的赞扬。中国药学会在 2003 年创办了"百万药师关爱工程"科普咨询宣传活动，实现药师关爱人民健康、"药师在您身边"的承诺，让药师走向社会、走向社区、走向农村，向人民大众送医送药送温暖。2006 年中国药学会又组建了由具有高级职称的学科带头人组成的"百万药师关爱工程"讲师团，按照区域顺序进行培训，开展"安全合理

---

[1] 中国科学技术协会. 中国科协全国学会发展报告 2011[M].北京: 中国科学技术出版社, 2011: 8–10.

用药进万家""药师在您身边"等大型科普咨询宣传活动，获得良好的社会反响。中华医学会、中华预防医学会等七个学会于2007年组织的"心的和谐"心理健康系列科普宣传活动，成为卫生部、中国科协精神卫生宣传和全民健康科技行动的重点活动。2009年7月，中国气象学会组织开展首次"气象防灾减灾志愿者中国行"大型科普宣传活动，引起了广泛关注。中国环境科学学会举办的千乡万村环保科普行动得到环境保护部的肯定，引起广泛社会关注。科普基地的建设也是这个时期学会的一项重要工作内容。如中国解剖学会理事隋鸿锦在2009年创办的生命奥秘博物馆被评为全国科普教育基地。生命奥秘博物馆的各个主体展览走过了37个国家的112个城市和地区，创下了4000多万人次的参观纪录，曾被《纽约时报》评选为"纽约最值得参观的十大文化项目"之一。

面向青少年、农民等特定群体的科普活动也取得了良好的社会效益。例如，中国动物学会、中国植物学会从2000年开始，每年5月联合组织全国中学生生物学联赛，旨在向青少年普及生物学知识，对其进行科学思维能力和分析问题能力的培养，提高青少年的生命科学素质。同时，科技下乡活动次数逐年增加，培养出一批具有良好科学素养和职业素养的人才。中国计算机学会等六家学会因在农村科普中的突出成绩，被授予"全国农村科普先进工作集体"称号。中国热带作物学会积极开展新成果、新技术、新品种、新信息的推广和传播，通过技术示范、技术培训等手段，深入海南、云南等地开展技术服务工作，仅2009年就联合当地政府和企业培训各类人员1.9万人。中国水产学会开展的水产养殖规范用药科普下乡活动得到了当地政府和渔民的认可，带动了全国28个省（直辖市）参与有关活动，仅2010年就培训技术人员1.1万人，受益渔民50万人次。①

---

① 中国科学技术协会.中国科协全国学会发展报告2011［M］.北京：中国科学技术出版社，2011：9.

全国学会根据自身专业特色，在突发事件的应急科普工作中同样发挥了应有的作用。如 2010 年青海玉树地震发生后，中国药学会赶制了《抗震救灾 情系玉树》安全用药科普知识宣传折页汉文版和藏文版，内容涉及地震避险、自救、防疫、心理调节、安全合理用药的知识，通过青海省药学会向灾区人民发放 1.5 万份，对稳定受灾群众情绪、普及安全用药知识、提高公众合理用药水平发挥了重要作用（图 5-3）。

图 5-3 《抗震救灾 情系玉树》安全用药科普知识宣传折页（藏文版）

5.3.3　开展国际科技交流，促进对外科技合作

全国学会坚持面向世界科技前沿，通过主办或承办国际组织的学术会议、积极参加国际组织的大会、参加国际组织中的职务竞选等形式，更加积极地参与国际科技交流活动。全国学会主办的国际会议从 2006 年的 415 次增加到 2010 年的 544 次，增长 31.1%；参加人数从 8.5 万人次增至 16.2 万人次；会议交流论文数从 114 篇增加到 148 篇。与此同时，截至 2012 年，

学会加入的国际民间科技组织有 342 个，任职专家有 531 人。^①

  2007 年，中国药学会承办的世界药学大会暨国际药学联合会第六十七届年会在北京召开（图 5-4）。这是我国首次承办的世界药学大会，也是国际药学联合会历史上举办非常成功的药学大会之一，共有 84 个国家和地区的 3250 名代表参会，其中国外代表 2450 人。大会全方位展示了我国药学科技事业取得的显著成绩，极大地提高了我国药学界的国际地位和影响力。中国空间科学学会和中国宇航学会联合承办"人在太空"国际学术会议，吸引了来自 20 多个国家和地区的 1298 名代表参加。中国制冷学会承办 2007 年第二十二届国际制冷大会，来自 55 个国家的 1308 人参会。大会颁发了国际制冷学会终身成就奖、科学技术奖和 8 项青年学者奖。中国化工学会在 2008 年 8 月承办了第十二届亚太化工联盟大会。2008 年，我国南方遭遇雨雪冰冻灾害，发生了汶川大地震，为此，中国电机工程

图 5-4　2007 年世界药学大会暨国际药学联合会第六十七届年会会场

---

① 中国科学技术协会.中国科协全国学会发展报告 2011［M］.北京：中国科学技术出版社，2011：8.

学会在北京组织召开了自然灾害对电力设施影响与应对研讨会（图 5-5），
与会代表 100 余人。会后，中国电机工程学会还与中国地震学会共同就汶
川地震后电力设施的破坏情况、电厂建筑防震和电力设施防震等问题召开
专项研讨会。

图 5-5　2008 年自然灾害对电力设施影响与应对研讨会现场

为了进一步加强与国际学术界的交流，一些有条件的学会还在国内建
立了本学科的国际交流中心。如中国力学学会在北京建立的北京国际力学
中心，是继 1970 年在意大利设立欧洲国际力学中心之后，全球设立的第
二个国际力学中心。一些学会还积极发起成立新的国际组织，如中国机械
工程学会于 2011 年发起召开世界声发射会议，于 2013 年发起成立物理模
拟与数值模拟国际联合会，以及世界物料搬运联盟。

5.3.4　推动科技创新，服务经济社会发展

全国学会围绕着增强自主创新能力、建设创新型国家的历史任务，开
展科技咨询和科技服务，打造协同创新服务新机制，为科技、经济和社会

发展献计献策。

全国学会依托智力资源，开展多层面、多形式的咨询与科技服务工作，发挥了智库的作用。全国学会组织会员积极参加国家、地方和行业科技发展规划的研究与制定工作，参与重大项目和行业标准的决策咨询和研究论证，围绕区域发展、行业科技进步及科技发展相关重大项目和关键问题提出政策建议。例如，中国动物学会围绕国内经济建设的重大战略部署开展了一系列活动。2000 年 7 月，中国动物学会在乌鲁木齐召开了中国动物学会西部大开发项目研讨会。会议在科技工作者与西部的企业、高校、科研机构之间起到了牵线搭桥的作用，吸引了更多的生命科学工作者关注和参与西部大开发这一具有战略意义的工作。2011 年，学会开展牧区鼠类泛滥防治培训班，对牧民进行鼠害防治新技术及鼠害监测技术培训，普及灭鼠知识，动员牧区人民科学防治鼠害，保护生态平衡。2008 年，我国启动了 10 个科技重大专项，时任中国药学会理事长桑国卫院士担任"重大新药创制"专项技术总师，中国药学会副理事长陈凯先院士、陈志南院士担任专项技术副总师，带领各专业委员会、各地药学会广大药学专家，积极投身到"重大新药创制"的专项实践中。在专项实施带动下，我国化学药物创新研究实现与国际同步，生物疫苗研发水平位居世界前列，中药产业形成全球化发展趋势，一批原创药物在国际上崭露头角。中国农学会、中国机械工程学会等发挥专家和组织网络优势，在全国设立了七个院士工作站，针对企业技术创新开展技术咨询和服务，搭建了学会服务企业科技创新的平台。2010 年 12 月，北京大北农科技集团股份有限公司院士专家工作站授牌仪式举行，中国作物学会荣誉理事长、中国农学会荣誉理事范云六，中国细胞生物学学会理事长、中国植物学会副理事长、中国植物生理学会理事长、中国生物工程学会副理事长许智宏，中国畜牧兽医学会理事张改平等 10 名院士，首批获聘于大北农集团院士专家工作站。

5.3.5 积极开展科技奖励和科技评价

全国学会积极开展科技奖励和科技评价工作，丰富了学会服务社会、服务科技工作者的手段。学会设立的科技奖励已经成为国家科技奖励体系的重要组成部分。据统计，截至 2010 年，中国科协及全国学会在国家科学技术奖励工作办公室登记的奖项已经达到 82 项，中华医学会等 10 个学会已经成为国家奖励直接推荐单位。如 2006 年中国农学会设立的神农中华农业科技奖是当时农业行业内设立的级别最高的综合性科技成果奖。

这一时期的科技评价工作也初具规模。一些学会发挥学术和专业优势，积极争取了一批政府转移的科技评价职能。据不完全统计，2008 年，各个学会开展的技术鉴定、成果鉴定、科研项目评估等科技评价项目有 100 余项。中国造船工程学会、中国计量测试学会、中国环境科学学会、中国航海学会、中国金属学会、中国煤炭学会等 20 个学会在开展科技成果和科技人才评价工作中迈出了重要步伐。例如，中华医学会受卫生部委托，承担了医疗事故鉴定工作；中国煤炭学会设立煤炭开采损害技术鉴定委员会，专门进行技术鉴定，有效解决了地方技术争端；中国环境科学学会在环境保护部支持下，制定《环保科技成果评价办法》，以开展环保科技成果评价。与此同时，学会在科技人才评价方面也进行了积极探索。2006 年以来，有 5 个学会在中国科协的支持下，开展了职业资格认证和标准制定。如中国照明学会自 2006 年开始进行照明设计师职业资格评定的基础工作，包括国家职业标准的编制、培训大纲的制定、培训教材的编写出版、考试题库的建设等。2007 年 5 月，国家正式颁布照明设计师的国家职业标准后，由中国照明学会组织开展照明设计师的培训和职业资格认证工作。中国机械工程学会积极推行机械工程师技术资格考试、业绩考核和同行评议相结合的专业技术人才评价方法，探索机械工程师技术资格认证的新机制，参照国家有关标准制定了与国际接轨的机械工程师技术资格认证标准和程序。经过努力，学会开展的工程师资格认证已经得到大量企业的认可。

6

走进新时代，加快建设科技强国

　　2012 年，党的十八大胜利召开，中国特色社会主义进入新时代。以习近平同志为核心的党中央坚持把科技创新摆在国家发展全局的核心位置，全面谋划科技创新工作。"科技兴则民族兴，科技强则国家强。"作为国家创新体系的重要组成部分，中国科协肩负团结凝聚广大科技工作者为建设世界科技强国建功立业的重任。进入新时代以来，中国科协紧密围绕党和国家事业发展大局，充分发挥学会的主体作用，稳步推进学会党建工作，团结引领科技工作者，在推动科技创新和服务经济建设方面发挥了重要作用，为全面建成小康社会、推动中国进入创新型国家行列做出了重要贡献。同时，中国科协自身在开展学术活动、进行科学普及、提供科技咨询、促进科技经济融合、加强内部治理、推进学会党建工作、开展国际交流及科技抗疫等方面取得了显著成就。

6.1　中国科协九大：建设世界科技强国

　　2016 年 5 月 30 日至 6 月 2 日，中国科协第九次全国代表大会在北京隆重召开（图6-1）。这次大会在当时是1949年以来层次最高、规模最大、范围最广的科技盛会，是向世界科技强国进军的动员会。

图 6-1　2016 年 5 月中国科协第九次全国代表大会会场

大会的主题是高举中国特色社会主义伟大旗帜，深入贯彻落实习近平总书记重要讲话精神，坚定不移地走中国特色社会主义群团发展道路，切实履行为科技工作者服务、为创新驱动发展服务、为提高全民科学素质服务、为党和政府科学决策服务的职责定位，全面推进开放型、枢纽型、平台型科协组织建设，团结带领广大科技工作者为决胜全面建成小康社会、建设世界科技强国创新争先、再立新功。大会主要议程是：听取中央领导同志重要讲话，审议中国科协第八届全国委员会工作报告，审议《中国科学技术协会章程（修改草案）》，选举中国科协新一届领导机构，审议《中国科协事业发展"十三五"规划（2016—2020）（草案）》。

在会议开幕式上，中共中央总书记、国家主席、中央军委主席习近平发表了以《为建设世界科技强国而奋斗》为题的大会报告。习近平总书记强调，科技创新、科学普及是实现创新发展的两翼，要把科学普及放在与科技创新同等重要的位置，普及科学知识、弘扬科学精神、传播科学思想、倡导科学方法，在全社会推动形成讲科学、爱科学、学科学、用科学的良好氛围，使蕴藏在亿万人民中间的创新智慧充分释放、创新力量充分涌流。习近平总书记要求中国科协各级组织要坚持为科技工作者服务、为创新驱动发展服务、为提高全民科学素质服务、为党和政府科学决策服务的职责定位，推动开放型、枢纽型、平台型科协组织建设，接长手背，扎根基层，团结引领广大科技工作者积极进军科技创新，组织开展创新争先行动，促进科技繁荣发展，促进科学普及和推广，真正成为党领导下团结联系广大科技工作者的人民团体，成为科技创新的重要力量。

大会听取了中国科协第八届委员会主席韩启德作的题为《坚定不移走中国特色社会主义群团发展道路，团结带领广大科技工作者为决胜全面建成小康社会、建设世界科技强国而奋斗》的工作报告。韩启德在报告中回顾了过去五年的工作，认为过去的五年，是科协工作在继承中发展、在落实中提升、不断开拓创新的五年，也是科协事业发展空间不断拓展、成就辉煌的五年；建议未来的五年，各级科协及所属团体要高举中国特色社会主义伟大旗帜，深入贯彻落实习近平总书记系列重要讲话精神，紧紧围绕"四个全面"战略布局，全面落实创新、协调、绿色、开放、共享的发展理念，坚持为科技工作者服务、为创新驱动发展服务、为提高全民科学素质服务、为党和政府科学决策服务的职责定位，推动开放型、枢纽型、平台型科协组织建设，团结引领广大科技工作者积极进军科技创新，组织开展创新争先行动，短板攻坚争先突破、前沿探索争相领跑、转化创业争当先锋、普及服务争做贡献，真正成为党领导下团结联系广大科技工作者的人民团体，成为科技创新的重要力量，为决胜全面建成小康社会、建设世界科技强国建功立业。

会议选举了第九届全国委员会委员和领导机构，万钢担任中国科协第九届全国委员会主席。万钢在闭幕词中表示，各级科协组织和广大科技工作者要积极响应习近平总书记号召，坚决贯彻党中央、国务院重大决策部署，深入开展创新争先行动，为建设创新型国家、建设世界科技强国做出积极贡献。

6.2 中国科协十大：推动高水平科技自立自强

2021年5月28—30日，中国科协第十次全国代表大会在北京隆重召开（图6-2）。这次大会是我们在"两个一百年"奋斗目标的历史交汇点、开启全面建设社会主义现代化国家新征程的重要时刻召开的一次盛会。大会的主题是：坚持以习近平新时代中国特色社会主义思想为指导，深入贯彻落实党的十九大和十九届二中、三中、四中、五中全会精神，全面增强政治性、先进性、群众性，立足新发展阶段、贯彻新发展理念、构建新发展格局，坚定不移走中国特色社会主义群团发展道路，坚持面向世界科技前沿、面向经济主战场、面向国家重大需求、面向人民生命健康，发挥科技自立自强战略支撑作用，深化开放型、枢纽型、平台型组织建设，坚持为

图6-2 中国科协第十次全国代表大会会场

科技工作者服务、为创新驱动发展服务、为提高全民科学素质服务、为党和政府科学决策服务、为构建人类命运共同体服务，团结引领广大科技工作者听党话跟党走，为推动科技事业高质量发展、全面建设社会主义现代化国家做出更大贡献。

大会的主要议程是：中央领导同志作重要讲话，审议《中国科协第九届全国委员会工作报告》《中国科学技术协会章程（修改草案）》和《中国科协事业发展"十四五"规划（2021—2025 年）（草案）》，选举中国科协新一届领导机构，组织代表参观"众心向党、自立自强——党领导下的科学家"展览，邀请钟南山、戚发轫院士为大会代表作科学家精神报告，面向全国科技工作者发布《关于开展"自立自强 创新争先"行动的倡议》。

5 月 28 日，中共中央总书记、国家主席、中央军委主席习近平出席大会并发表重要讲话强调，"立足新发展阶段、贯彻新发展理念、构建新发展格局、推动高质量发展，必须深入实施科教兴国战略、人才强国战略、创新驱动发展战略，完善国家创新体系，加快建设科技强国，实现高水平科技自立自强"；我国广大科技工作者要"面向世界科技前沿、面向经济主战场、面向国家重大需求、面向人民生命健康，把握大势、抢占先机，直面问题、迎难而上，肩负起时代赋予的重任，努力实现高水平科技自立自强"。习近平总书记强调："中国科协要肩负起党和政府联系科技工作者桥梁和纽带的职责，坚持为科技工作者服务、为创新驱动发展服务、为提高全民科学素质服务、为党和政府科学决策服务，更广泛地把广大科技工作者团结在党的周围，弘扬科学家精神，涵养优良学风。要坚持面向世界、面向未来，增进对国际科技界的开放、信任、合作，为全面建设社会主义现代化国家、推动构建人类命运共同体作出更大贡献。"

大会选举了中国科协新一届全国委员会委员 390 名，选举万钢为中国科协第十届全国委员会主席，选举马伟明等 18 人为副主席。会议同时通过常委会专门委员会设置方案。

在闭幕会上，中国科协第十次全国代表大会代表表决通过了《中国科学技术协会第十次全国代表大会关于中国科协九届全委会工作报告的决议》，通过了新修订的《中国科学技术协会章程》，通过了中国科协第十次全国代表大会《关于〈中国科学技术协会事业发展"十四五"规划（2021—2025 年）（草案）〉的决议》。

6.3 全国学会开启建设世界科技强国新征程

6.3.1 学术活动

中国特色社会主义进入新时代以来，以习近平同志为核心的党中央将创新提到前所未有的高度，反复强调把发展基点放在创新上，抓创新就是抓发展，谋创新就是谋未来。为适应创新型国家建设的战略需求，中国科协所属全国学会充分发挥开放型、枢纽型、平台型的组织特色，突出学科专业优势，建设学术引领新高地，打造具有世界水平的学术交流新品牌，以高水平学术交流服务科学技术的创新发展。中国科协所属全国学会着重加强学术引领能力，努力打造高水平学术会议平台，积极进行国际学术交流，实现科技期刊质量跨越式发展，提升人才服务水平，加强学风建设，优化学术环境。

（1）加强学术引领能力

中国科协重视面向未来的科学选题。2018 年，中国科协首次组织全国学会等科技共同体，面向广大科技工作者征选重大前沿科学问题和工程技术难题并进行评选，在中国科协年会上发布。此后 4 年共评选、发布 130 个重大问题、难题，130 余个学会积极参与推荐。2021 年 7 月 28 日，在第二十三届中国科协年会闭幕式（图 6-3）上，连续 4 年参与重大问题、难题推选活动的中国地理学会等43个全国学会被授予"2018—2021年度优秀组织单位"，2021年推荐重大问题、难题并入选的中国环境科学学会等26个全国学会被授予"2021年度优秀推荐单位"，2020年度组织撰写相关重大问题、难题建议报告并得到中央领导批示的中国动物学会、中国植物保护学会、中华中医药学会被授予"2020年度优秀成果单位"。

图6-3　2021年7月第二十三届中国科协年会闭幕式

　　中国科协积极为青年科学家提供交流舞台。2020年10月18日，中国科协与浙江省人民政府共同举办世界青年科学家峰会（图6-4）。来自100多个国家、地区和国际组织的科学家、企业家、创投家、艺术家代表参会，其中约70%的参会者为45周岁以下的青年科学家。开幕式上，举行了"2020世界青年科学家峰会点亮仪式"，20位来自全球不同国家的青年共同宣读了《2020世界青年科学家峰会温州宣言》，表达了青年科学家以科学改变世界的时代担当。共和国勋章获得者、中国工程院院士钟南山，联合国秘书长青年特使贾亚特玛·维克拉玛纳亚克（Jayathma Wickramanayake），以及第十六届中国青年科技奖获得者陆朝阳、第十六届中国青年科技奖特别奖获得者陈玲玲分别作主旨报告。

图 6-4 2020 年 10 月世界青年科学家峰会会场

中国科协全国学会逐步成为举办系列性世界大会的重要平台。中国科协先后参与举办 2018 年世界机器人大会、2018 年世界交通运输大会、2018 年绿色发展科技创新大会、2020 年世界智能制造大会、2021 年世界新能源汽车大会（图 6-5）等一系列学会活动，围绕世界科学发展前沿和

图 6-5 2021 年世界新能源汽车大会会场

技术发展趋势、国家重点发展领域和难点问题，以及科技工作者的学术需求，搭建国际交流平台，鼓励优秀科技工作者与国际同行同台竞技，提升自身国际影响力，跻身世界一流学会，打造代表科技界向国内外发声、发力的重要平台。

中国科协还努力发挥学科集成的优势，引领学科发展，开展前沿热点问题研究，编制技术路线图，发布智能制造等领域年度十大进展，不断完善以总结学科成果、研究学科发展规律、预测学科未来趋势为脉络的学科发展研判体系，繁荣学科发展，引领产学研协同创新，推进学科交叉融合和转型。

（2）打造高水平学术平台

学术会议作为学术引领的主要方式，是科技创新的重要源头。全国学会作为学术交流的阵地，一直将召开学术会议作为核心任务。

总体上看，2012年以来，国内学术会议参会人数和论文数量稳步上升。2017年，各级科协和两级学会举办国内学术会议19324场次，其中举办学术年会6849场次；国内学术会议参加人数487.9万人次，其中企业科技工作者109.5万人次，交流论文86.0万篇。2018年，各级科协和两级学会举办国内学术会议19549场次，其中举办学术年会7545场次；国内学术会议参加人数525.2万人次，交流论文83.3万篇。2019年，各级科协和两级学会举办国内学术会议17823场次，其中举办学术年会7208场次；国内学术会议参加人数496.2万人次，交流论文97.6万篇。2020年，各级科协和两级学会举办国内学术会议15692场次，其中举办学术年会6588场次；国内学术会议参加人数16314.4万人次，交流论文62.9万篇。

（3）实现科技期刊质量跨越式发展

科技期刊不仅是科研信息的集散中心，还是学科交叉融合、学术讨论争鸣的重要平台，对促进科技交流、探索科技前沿、推动自主创新具有重要的引领作用。中国科协所属全国学会以提升我国科技期刊的学术水平和国际影响力为目标，以实施精品科技期刊工程和中国科技期刊国际影响力提升计划为抓手，以扩大我国英文科技期刊规模、提升我国中文科技期刊学术水平为手段，激发创新活力，逐步形成了全方位多角度推动我国科技期刊发展的新格局。如《细胞研究》(*Cell Research*，图 6-6) 2019 年入选中国科技期刊卓越行动计划领军期刊项目，很快

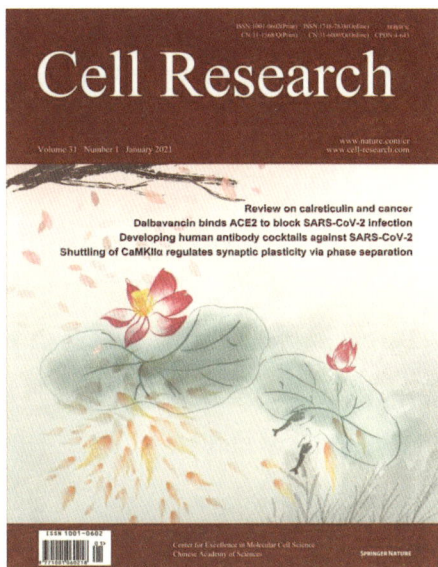

图 6-6 《细胞研究》(2021 年 1 月刊封面)

有了突飞猛进的发展。《细胞研究》是我国生命科学领域以英文发表原创性研究论文、综述、简报和述评的国际性学术期刊。2020 年 6 月 29 日，科睿唯安数据库发布的 2019 年期刊引证报告显示，《细胞研究》的影响因子达到了 20.507。这也是中国原创学术期刊影响因子首次超越 20。

6.3.2 科学技术普及

科学素质决定公民的思维方式和行为方式，是实现美好生活的前提。加强公民科学素质建设，不断提升人力资源质量，对增强自主创新能力、引领经济社会发展新常态、助力创新型国家建设和建成社会主义现代化强国具有重要战略意义。全国学会按照国务院颁布的《全民科学素质行动计划纲要实施方案》的部署，围绕"普什么""怎么普"的关键问题，探索创新，攻坚克难，充分运用先进信息技术，有效动员社会力量和资源，丰富科普内容，创新表达形式，通过多种渠道不断提高科普的时效性和覆盖

面，为提高公民科学素质做出了新的贡献。新时代的科学技术普及工作，主要表现在科普规模稳步提升、科普基础设施和人才队伍更加完善、科普传播内容形式丰富多元、科普运作出现品牌化。

（1）科普规模稳步提升

首先是科普宣讲活动规模提升。2020年，各级科协和两级学会举办科普宣讲活动26.7万场次，其中专家科普报告会4.3万场次，专题展览1.2万场次，科技咨询7.9万场次，科普宣讲活动受众人数24.9亿人次；举办实用技术培训8.1万次，接受培训人数1874.0万人次；推广新技术新品种20757项，各类科普活动覆盖村（社区）24.6万个（图6-7）。

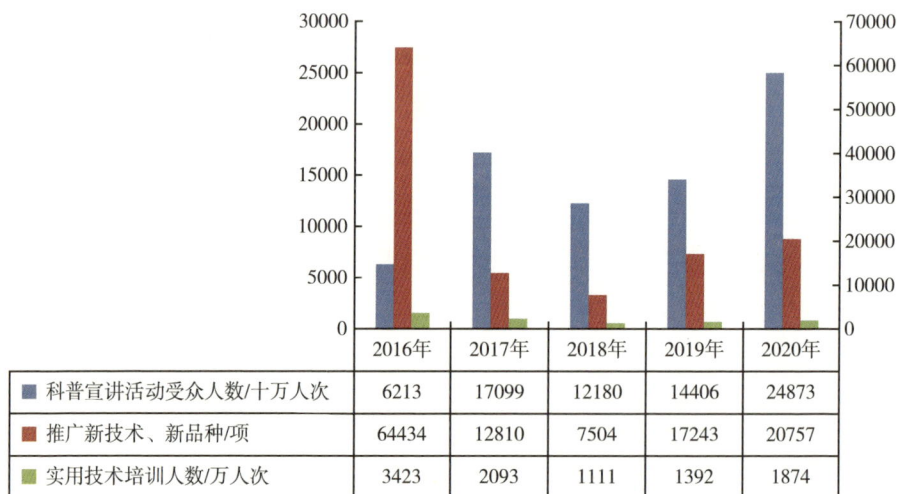

	2016年	2017年	2018年	2019年	2020年
■ 科普宣讲活动受众人数/十万人次	6213	17099	12180	14406	24873
■ 推广新技术、新品种/项	64434	12810	7504	17243	20757
■ 实用技术培训人数/万人次	3423	2093	1111	1392	1874

图6-7 各级科协和两级学会科普活动情况

资料来源：中国科学技术协会. 中国科协2020年度事业发展统计公报 [EB/OL]. (2021–04–30) [2022–10–26]. https://www.cast.org.cn/art/2021/4/30/art_97_154637.html.

从中国科协关于2016—2020年各级科协和两级学会科普活动情况的统计可以看出，科普宣讲活动受众人数在五年中有极大的增长。

其次是面向青少年的科技普及工作加强。2020 年，各级科协和两级学会举办青少年科普宣讲活动 60288 场次，受众人数 4.2 亿人次；举办青少年科技竞赛 5785 项，参加竞赛的青少年 2626.0 万人次，获奖人数 130.9万人次；举办青少年科学营 957 次，参加人数 10.8 万人次；编印青少年科技教育资料 3187 种，印数 743.6 万册；举办青少年科技教育活动和培训35270 场次，参加培训人数 9900.0 万人次；通过中学生英才计划培养学生5.2 万人（图 6-8）。

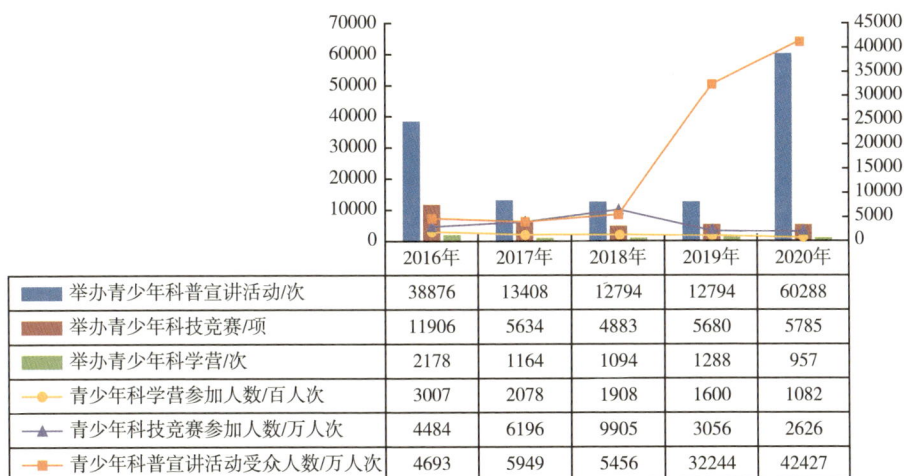

	2016年	2017年	2018年	2019年	2020年
举办青少年科普宣讲活动/次	38876	13408	12794	12794	60288
举办青少年科技竞赛/项	11906	5634	4883	5680	5785
举办青少年科学营/次	2178	1164	1094	1288	957
青少年科学营参加人数/百人次	3007	2078	1908	1600	1082
青少年科技竞赛参加人数/万人次	4484	6196	9905	3056	2626
青少年科普宣讲活动受众人数/万人次	4693	5949	5456	32244	42427

图 6-8　各级科协与两级学会举办的青少年科技教育活动情况

资料来源：中国科学技术协会 . 中国科协 2020 年度事业发展统计公报 [EB/OL]. (2021-04-30)[2022-10-26]. https://www.cast.org.cn/art/2021/4/30/art_97_154637.html.

通过分析 2016—2020 年各级科协与两级学会举办的青少年科技教育活动情况可知，2016 年以来，面向青少年的科普宣传活动增长迅速，尤其是在 2020 年，青少年科普宣讲活动受众人数有了大幅跃升。各学会通过开展丰富多彩、形式多样的青少年科普宣讲活动，激发了广大青少年学科学、讲科学、用科学的积极性，推动了素质教育的实施。

（2）科普基础设施和人才队伍更加完善

全国学会非常重视科普人才队伍建设。学会组建科学传播专家团队，深入基层开展各种科普宣传工作，传播科学知识，普及科学文化，弘扬科学精神，科普宣传效果显著。

全国学会充分利用科普基础设施开展科普宣传。截至 2020 年年底，各级科协拥有所有权或使用权的科技馆达 1000 个，总建筑面积为 526.5 万平方米，展厅面积为 284.1 万平方米。已实行免费开放的科技馆有 933 个。科技馆全年接待参观人数 3664.0 万人次（图 6-9）。流动科技馆有 1202 个。科普活动站（中心、室）有 59486 个，全年参加活动（培训）人数 3497.0 万人次。科普画廊（宣传栏、宣传橱窗）建筑面积为 183.3 万平方米，全年展示面积为 425.1 万平方米。科普大篷车有 1265 辆，全年下乡次数 3.5 万次。科普大篷车全年下乡行驶里程 720.2 万千米，受益人数达 4588.8 万人次。

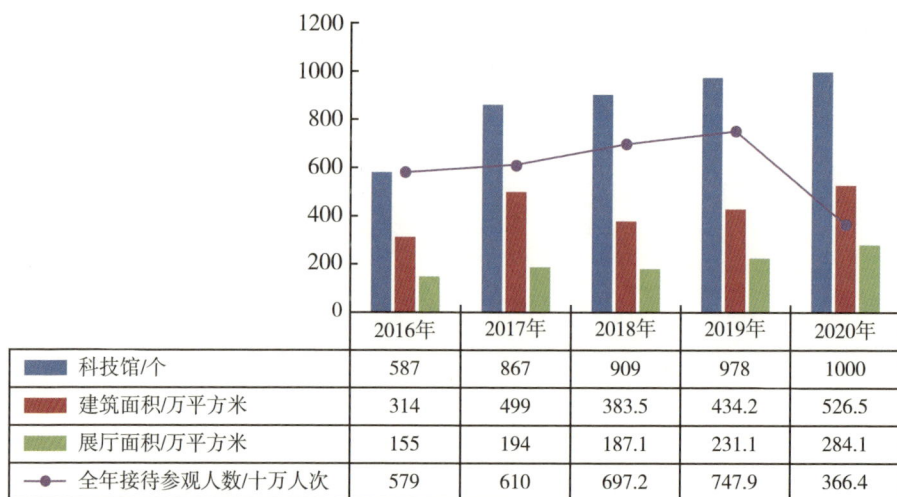

	2016年	2017年	2018年	2019年	2020年
科技馆/个	587	867	909	978	1000
建筑面积/万平方米	314	499	383.5	434.2	526.5
展厅面积/万平方米	155	194	187.1	231.1	284.1
全年接待参观人数/十万人次	579	610	697.2	747.9	366.4

图 6-9　各级科协科技馆建设基本情况

资料来源：中国科学技术协会. 中国科协 2020 年度事业发展统计公报 [EB/OL]. (2021-04-30) [2022-10-26]. https://www.cast.org.cn/art/2021/4/30/art_97_154637.html.

通过分析 2016—2020 年各级科协科技馆建设基本情况，我们可以看出，科技馆的数量处于持续增长中。

（3）科普传播内容形式丰富多元

值得注意的是，过去科普主要通过宣讲和书籍来进行，随着信息技术的进步，科普开始更多通过广播、影视和互联网进行。

首先，科普节目播放时长猛增。2019 年，各级科协和两级学会制作科技广播影视节目总时长达 3.6 万小时，制作科普动漫作品总时长达 2.7 万小时。2020 年，制作科技广播影视节目总时长达 4.8 万小时，制作科普动漫作品总时长达 3.0 万小时。无论是科技广播影视节目总时长，还是科普动漫作品总时长，都有很大增长。

其次，"两微一端"等新媒体科普快速发展，科技传播能力不断提升，传统媒体与新兴媒体深度融合，实现了多渠道全媒体传播。2020 年，中国科协主办科普传播类网站 1586 个，全年浏览量 233.9 亿人次；主办科普 App257 个，下载安装 1671.4 万次；主办科普微信公众号 2521 个，关注量 5856.6 万人次；主办科普微博 2574 个，粉丝数 4878.3 万人次。

再次，网络游戏成为科普新形式。2019 年，中国科协联合多家机构成立"科普游戏联盟"，旨在团结国内相关单位共同推动国内科普游戏发展与壮大，以游戏为媒介普及科学知识。各全国学会积极参与开展这一形式新颖、具有吸引力的科普方式。如中国免疫学会公益性参与腾讯游戏作品《健康保卫战》（图 6-10）。这款游戏以人体健康为主题，通过感染疾病的场景，讲述和传递人体的免疫机制和原理。经过

图 6-10　《健康保卫战》游戏封面

学会专家对游戏中科学元素的指导和审查，2020 年 11 月该游戏基本完成制作。

（4）科普运作出现品牌化

全国学会不断提升科普创造能力和动员科普志愿者的能力，增加科普活动次数，创新科普活动方式，扩大科普活动覆盖面，增强科普活动实效性，涌现出大量的科普品牌活动或服务。科普品牌活动不仅形式多样，而且各具特色。

全国学会着力培育科普志愿者服务品牌。中国国土经济学会的一大科普品牌活动是科普志愿者服务。作为中国科协"科创中国"平台中小城市高质量发展科技服务团，中国国土经济学会开展了科技志愿者助力湖北智慧农业项目和支持湖北复工复产达产订单服务项目等。2020 年 7 月，为助力湖北复工复产，中国科协专门设立支持湖北复工复产达产订单服务项目，主要利用"科创中国"服务平台，采取"湖北点单，科技服务团接单，中国科协买单"的方式，精准对接湖北企业复工复产需求，帮助企业特别是中小微企业解决技术难题，使产业循环、市场循环、经济社会循环畅通；通过对接项目，促进技术交易，促进企业复工达产。项目组联合多方力量推进该项目的落地实施，切实达到预期目标。

科普讲座是学会开展科普工作的常见形式。中国建筑业协会创立了中国建筑科普讲堂，深受社会欢迎。中国建筑科普讲堂系列活动以"匠人精神"为主旨，主要目的是为未来建筑师和在职青年建筑师解决从业困惑，培养他们作为中国建筑师的职业素养和态度，帮助他们更好地了解多元产业下各行业的前沿发展，通过丰富、多样的内容设计，努力帮助青年建筑师更好地胜任城镇建设者的角色。

2015 年 5 月 24 日下午，中国建筑科普讲堂第一讲在北京交通大学科学会堂隆重举行。这次活动由中国建筑学会主办，北京交通大学建筑与艺术学院等有关部门承办。

科技主题活动日、活动周或活动节已经成为科普品牌活动。如中国营养学会确定每年 5 月的第 3 周为"全民营养周"，旨在以科学界为主导，通过全社会多渠道、集中力量传播核心营养知识，使民众了解食物、提高健康素养，让营养意识和健康行为代代传递，提升国民素质，实现中国"营养梦、健康梦"。此外，中国图书馆学会开展的全民阅读活动、少儿阅读年活动、全民阅读论坛等成为推动科普阅读的知名品牌。

6.3.3 科技咨询与科技评价

进入新时代以来，全国学会聚焦事关国计民生和创新型国家建设的重大战略问题开展有针对性、前瞻性的研究预判，通过提供决策咨询报告、反映科技工作者建议、发布研究报告、组织参与立法咨询和政策解读，最广范围、最大限度凝聚科技工作者的智慧，为党和政府科学决策提供有益参考，在科技界和全社会产生广泛影响，决策咨询品牌效应初步显现。无论是全国学会举办的决策咨询活动，还是全国学会提交的决策咨询报告，较以往都有明显的提升。

（1）参与决策咨询

一是组织咨询建言，服务党和政府科学决策。全国学会发挥专业特长和智力优势，积极把研究成果转化为政策建议，对服务党和国家政策制定起到重要作用。

二是加强智库建设，可持续预判科技前沿发展趋势。中国科协以高水平科技创新智库建设为引领，扎实推进智库体系建设。全国学会瞄准世界科技前沿，围绕关键核心及时提出技术突破与产业发展路线图，聚焦国家科技发展战略、规范、改革等重点问题，为制定科技战略规划和科技政策提供决策参考，形成了一批具有较大社会影响力和政策参考价值的研究成果，推出了《中国科技人力资源发展研究报告》等系列品牌研究报告，举办了中国科技智库论坛、中国科学文化论坛、创新 50 人论坛等具有广泛影响力的学术论坛，建立了以科技工作者为对象的固定调查系统，搭建了《今日科苑》和《科学文化》（英文版，*Culture of Science*）等期刊平台。2016 年，在国内智库评价机构通过社交大数据方式进行的智库评价中，中国科协智库综合排名第一；在美国宾夕法尼亚大学发布的权威报告《全球智库报告 2016》中，中国科协智库排在第58 位。2016—2018 年，全国学会共发布智库品牌报告 168 份，年均 56份，主要分布在机器人、人工智能、可再生能源、新材料、生物工程、绿色交通、生态环境等工科类领域，对我国的经济建设发挥了重要指导作用。

三是开展立法咨询和政策解读，服务国家治理法治化。学会积极承接国家立法机关的有关立法咨询任务，从专业角度提出立法咨询建议，服务法治中国建设，2016—2019 年共组织参与立法咨询 274 次，2020 年组织参与立法咨询 476 次。学会还组织开展政策解读活动，参加听证会、意见征询座谈会，组织政协委员协商或调研活动，答复人大代表的议案或政协委员提案。2016—2019 年，学会共答复人大代表、政协委员的议案、提案 203 件，年均 50.75 件；2020 年答复人大代表、政协委员的议案、提案1002 件。2016—2019 年，学会组织政协科技界委员协商或调研活动 135次，年均 33.75 次。2020 年，学会组织政协科协界委员协商或调研活动1667 场次。2016—2019 年，学会共组织政策解读活动 393 场，年均 90 余场。2020 年，学会组织政策解读活动 1938 场次。2016—2019 年，学会共发布政策解读文章 693 篇，年均 170 余篇；2020 年发布政策解读文章 946篇。学会所提供的决策咨询报告以及获得上级领导同志批示的报告也不断增多，2019 年达到了 203 篇。

四是把握科技界发展动向，反映科技工作者建议。全国学会充分发挥桥梁纽带作用，反映科技工作者的意见和建议，2016—2019年共反映科技工作者建议1012篇，年均253篇；2020年反映科技工作者建议228篇。积极反映科技工作者意见和建议，为政府部门提供决策参考，已经成为全国学会具有创新性、开拓性的工作。

（2）科技评价领域逐步拓展

近年来，全国学会在科技评价领域主要开展了国家重点实验室评估、科技政策和项目评估、科技成果和医疗事故鉴定评估等工作。

面向国家重点实验室、国家工程研究中心等科研基地开展评估，是全国学会承接政府职能转移的一项重点工作，已经形成常态化机制。2016年4月，科技部委托中国生物技术发展中心会同中国科协生命科学学会联合体，对生物和医学领域国家重点实验室进行评估。生命科学学会联合体组织30名审核专家，充分发挥在专业和专家队伍方面的优势，对参评实验室的《五年工作总结报告》《国家重点实验室评估表》进行形式审查。此外，生命科学学会联合体还参与了前期调研、方案制订、活动组织等方面的工作，保障了评估工作公平公正，科学高效。经科技部审定，参与评估的75个国家重点实验室中，传染病诊治国家重点实验室等20个实验室被评为优秀，病毒学国家重点实验室等46个实验室被评为良好，另有8个实验室被要求限期整改，1个实验室未通过评估。全国学会依托专家，坚持"公开、公平、公正"和优胜劣汰的原则，对重点实验室的研究水平与贡献、队伍建设与人才培养、开放交流与运行管理等进行评估，并提出问题和建议，获得有关各方的认可和好评。

面向科技政策和重大项目提供评价服务，为相关部门提供决策参考，是全国学会评价工作的新方向、新趋势。受交通运输部委托，2015—2017年，中国公路学会连续三年承担全国高速公路服务区服务质量等级评定，成为中国公路学会社会化服务品牌产品。2019 年，为进一步提升高速公路服务区服务质量，推动"服务区＋旅游"发展，促进消费升级，服务地方经济发展，中国公路学会组织开展了全国高速公路旅游服务区评选活动。全国学会也多次受政府部门委托对国家重大项目进行评估。2018 年，受科技部委托，中国科协对《国家中长期科学和技术发展规划纲要（2006—2020 年）》实施情况开展评估，邀请 21 位高层次战略专家成立终审评估专家组，审定评估结论，形成评估报告。

在科技成果评价方面，全国学会做出了重要贡献。2017 年，科技部废止科学技术成果鉴定办法，我国开始探索和建立以市场为导向的新型科技成果评价机制。中国科协所属全国学会积极探索，主动开展了多种科技成果鉴定工作，并取得了良好进展。首先，科技成果评价取得丰硕成果，表现在科技评价数量可观。中国电机工程学会 2020 年完成科技成果评价 230 项，成果登记 508 项。中国航空学会 2020 年度完成 45 项科技成果鉴定工作。中国航海学会围绕航海领域及经济社会发展中的重点问题，积极开展科技评价工作，2020 年完成 97 项科技成果评价。其次，科技评价质量高。中国动物学会组织专家对广东长隆集团有限公司完成的"世界珍稀野生动物资源库创建的关键技术与应用"项目进行科技成果评价，发挥了学会专家库的资源优势，体现了学会作为科技社团所发挥的第三方科技评价作用。再次，科技评价工作模式创新。全国学会积极探索在线评价模式，不断提高科技评价的便捷性。中国电工技术学会推进年度电子信息与电气工程类专业认证工作，开展线上评审、线上入校工作，2020 年收到认证专业申请 374 个，受理专业认证 235 个，受理数量比 2019 年增长 54%。中国公路学会 2020 年采取线上线下相结合的方式，不间断地开展科技成果评价工作，全年共完成科技成果评价 225 项。最后，科技评价内容不断拓展和丰富。科技评价的内容从评价人才、成果为主，向评价机构、项目延伸，有的甚至从承担第三方评价工作拓展到承担第四方评估工作。

（3）标准制定

全国学会作为学术共同体和科技中介，在技术标准研制上具有先天的专业优势和组织优势。全国学会围绕三方面开展技术标准研制工作：一是建立健全标准研制组织体系和制度安排，为标准研制提供基础保障。中国营养学会、中国铁道学会等 42 个学会建立了与标准研究工作相关的分支机构或内设机构，这类学会占全国学会总数的 20%。二是围绕政府和市场需求开展技术标准研制工作。2016—2017 年，全国学会共研制技术标准 871 项、团体标准 827 项，填补了市场空白。三是探索开展团体标准国际化工作。比如中国电子学会与美国电气和电子工程师协会等国际组织开展标准联合研制、采标及标准检测与认证等方面的合作，在国内外产生了积极影响。

经过近几年的努力，全国学会在团体标准编制方面取得了良好成绩，实现了标准创智数量较快增长。全国学会的标准建设总体上呈现良好发展态势。2020 年，两级学会共研制团体标准 1698 个，仅中国电子学会一家全年新立项和报批的团体标准就达到 60 项，开展了 90 项标准制定，发布了 20 项。学会标准已经有设计管理、检测、技术、元器件、产品和系统等多个方向，涉及宇航、交通、电力、安防、网络等领域的电子信息技术应用。

全国学会在标准制定体制与机制方面日益完善。例如，中国电子学会为方便开展标准化工作，一方面，专门设立标准化工作委员会、标准化技术委员会和标准工作组等负责标准研制的专门机构，全面负责指导、管理和推进标准化相关工作。标准化工作委员会、各标准化技术委员会根据工作需要设立标准工作组，以完成某一特定的标准化工作任务，一般在任务完成后工作组即可解散。另一方面，中国电子学会特意制定《中国电子学会标准化工作管理办法》和《中国电子学会标准制修订工作程序》等文件，对每一环节提出了具体的工作要求，使标准制定工作更加规范和完善。

学会开展的标准制定活动产生了显著的社会效益。2020年9月10日，中国国土经济学会发布《美丽中国·深呼吸小城评价标准》。这是学会主导编制的第一个团体标准，全程用于研究评价"美丽中国·深呼吸小城"有关城市与目的地的创建自测、共建申请、动态监理、绩效追踪、项目备案和规范管理，旨在有效推动学会"美丽中国·深呼吸小城"评价工作走向规范化、科学化和品质化，成为学会助力地方经济社会发展的有力支撑。2021年，中国国土经济学会正式批复认定北京市密云区太师屯镇（行政县级）为"美丽中国·深呼吸小城"，这也是首家依据团体标准评价要求和程序评选出的单位（图6-11）。

图6-11　太师屯镇

6.3.4　科技经济融合

2016年6月，中国科协第九次全国代表大会修改《中国科学技术协会章程》，进一步明确了科协为科学技术工作者服务、为创新驱动发展服务、为提高全民科学素质服务、为党和政府科学决策服务的职责定位。此后，学会服务创新发展的创新驱动助力活动有效辐射国家经济社会和产业发展重点区域，基本形成了从点到链、结链成面、上下联动、各有侧重的"点状分布、链状延伸、面状辐射"工作格局。

（1）"科创中国"平台促进科技经济融合

"科创中国"品牌是中国科协助力经济社会高质量发展的一张新名片，旨在充分彰显科技"化危为机"的价值，有效凝聚科技工作者创新创业力量，主动发挥中国科协的组织人才优势，以及积极拓展国际合作的空间和渠道。2020年4月8日，中国科协办公厅印发了《中国科协2020年服务科技经济融合发展行动方案》。该方案确定了打造"科创中国"科技经济融通平台、共建"科创中国"创新枢纽城市、推动"科创中国"科技志愿服务、组织"科创中国"人才技术培训、集聚"科创中国"海外智力创新创业与开展"科创中国"科技决策咨询共六大重点任务及进度安排。在5月30日的"全国科技工作者日"活动中，"科创中国"品牌正式亮相，上线启动"科创中国"服务平台。

"科创中国"通过与地市合作，探索打造一批创新枢纽城市，形成了一批科技经济融合的工作样板间，为构建符合国情的创新生态、打造中国特色的技术创新模式，积极探索可复制、可推广的机制并积累了经验。中国科协努力在枢纽城市、试点城市间形成产业梯度转移典型，服务国内大循环和国内国际双循环。根据《"科创中国"三年行动计划（2021—2023）》，2021年，中国科协在"科创中国"试点城市（园区）中择优推出若干创新枢纽城市；2022年，建设50个左右试点城市（园区），逐渐拓展创新枢纽城市范围；2023年，打造一批产业聚集程度高、产业带动力强、具备区域代表性的创新枢纽城市。"科创中国"创新枢纽城市行动有力地推动了地方的发展。

（2）积极组建科技服务团，深入产业和区域发展前沿

2020年，近百家全国学会、近170家地方科协纵横联动，对标国家

重大战略区域规划纲要，积极回应区域发展实际需求，明确因地因需分类指导服务方向。中国腐蚀与防护学会创设"政产学研金服用"融合创新模式，通过整合政府、企业、高校、科研机构、金融机构、科技服务机构等各方的资源和优势，围绕市场需求，以资源共享为前提，以资本融合、联合攻关、成果分享、效益分配及风险分担为准则，推进产业链、创新链、资金链有机融合，通过达成分工协作契约，共同开展技术创新和成果转化，构建跨界融合生态圈。2020年，中国腐蚀与防护学会、佛山科学技术学院充分借助佛山市南海中南机械有限公司作为地方制造业龙头企业的优势，坚持"政产学研金服用"相结合，汇聚国内腐蚀防护与增材制造高端资源，深度融合腐蚀与机械交叉学科，三方联合共建成立了"海洋高端装备腐蚀防护与绿色再制造联合实验室"。实验室面向我国海洋工程设施腐蚀防护重大需求，基于佛山市及大湾区海洋高端装备产业，针对海洋腐蚀与防护关键共性科学问题和高端装备的快速修复与再制造的巨大市场需求开展研究，制定海洋高端装备腐蚀防护与绿色再制造地方标准，形成科学研究和平台化服务相结合的开放性、区域性协同创新体系，提供腐蚀与防护、绿色再制造、共性技术研发、测试应用、快速修复、人才培养、标准规范制定等紧缺的服务，推动佛山和大湾区行业发展。

（3）构建不同形式的平台，促进技术咨询服务

全国学会为企业提供技术咨询服务的专家服务团队、服务站、专家工作站、服务中心及"双创"平台/中心呈现出稳步发展的态势。2020年，各级科协指导组建专家工作站7858个，全年组织进站专家8.8万人次；组建专家服务团队5435个，参加服务团队的专家有13.7万人次（图6-12）。

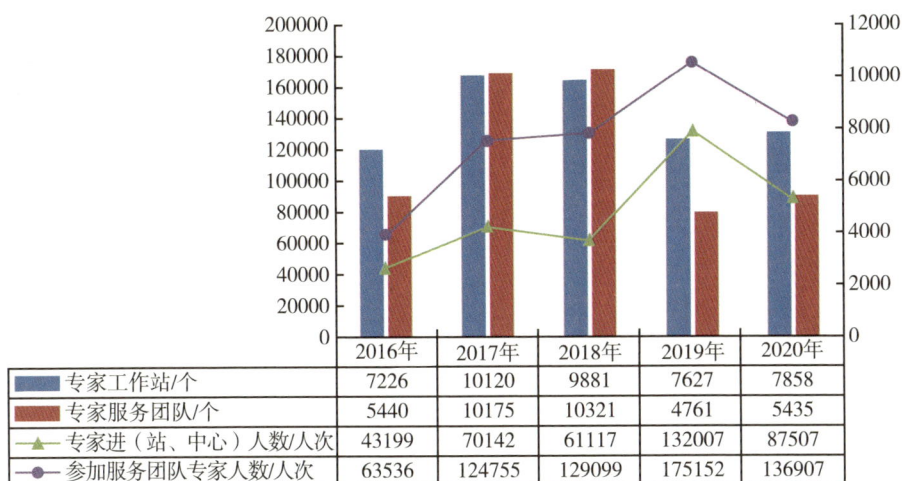

图 6-12 各级科协指导组建专家工作站、专家服务团队情况

资料来源：中国科学技术协会．中国科协 2020 年度事业发展统计公报 [EB/OL]. (2021-04-30)[2022-10-26]. https://www.cast.org.cn/art/2021/4/30/art_97_154637.html.

6.3.5 科技支撑助力脱贫攻坚

党的十八大以后，以习近平同志为核心的党中央把脱贫攻坚摆在治国理政的突出位置，把脱贫攻坚作为全面建成小康社会的底线任务，组织实施了人类历史上规模空前、力度最大、惠及人口最多的脱贫攻坚战。全国学会结合自身优势，在脱贫攻坚中积极发挥作用。

2009 年，中国科协在农村专业技术服务中心成立扶贫工作处，加强对扶贫工作的领导。为充分发挥科技扶贫的优势，中国科协制定了《关于动员和组织广大科技工作者为打赢脱贫攻坚战作贡献的意见》，加强农村实用技术人才队伍建设，大力提升农民科学素质水平，大力提升农村专业技术协会科技服务质量，切实保障脱贫攻坚取得实效。2016 年 10 月 24 日，中国科协又联合农业部、国务院扶贫办印发了《科技助力精准扶贫工程实施方案》，提出到 2020 年，在贫困地区支持建设 1000 个以上农村专业技术协会联合会（联合体）和 10000 个以上农村专业技术协会，实现农村专业技术协会组织和服务在贫困县全覆盖；组织 10 万名以上来自各级学会、高校和科研院所的科技专家参与脱贫攻坚，实现科技服务在贫困村全覆盖；引导优质科技资源和服务向基层集聚，大幅提高贫困地区公民的科学素质和生产技能。

全国学会纷纷利用自身专业优势助力贫困地区脱贫致富。中国林学会发挥自身优势，积极组织广大林草科技工作者，把扶贫"论文"写在山川大地上，为打赢脱贫攻坚战做出了努力和贡献，先后获得"中国科协定点扶贫工作优秀单位""科技助力精准扶贫优秀组织单位"等称号。中国农学会按照中国科协的工作要求，积极发挥专家在科技推广与科学普及方面的优势，以深入实施农民科学素质行动为抓手，面向贫困地区广大农牧民和农村妇女开展技术指导、培训与科普活动，在推广农业实用技术、助力科技精准扶贫方面取得了很大成效。

在新时代脱贫攻坚战中，中国科协涌现出一批扶贫先进集体和个人。2021 年 2 月 25 日，全国脱贫攻坚总结表彰大会在人民大会堂隆重举行，对全国脱贫攻坚先进个人、先进集体进行表彰。中国工程院院士、云南省科协主席朱有勇（图 6-13），西藏

图 6-13 中国工程院院士、云南省科协主席朱有勇（右一）

自治区昌都市委组织部原副部长、天津市河西区科协党组书记王斌，天津市蓟州区出头岭镇食用菌协会党支部书记、会长戴建良，甘肃省天水市医学会医疗事故技术鉴定工作办公室主任杨双六，被授予"全国脱贫攻坚先进个人"荣誉称号。

6.3.6 科协系统深化改革

2013年11月9—12日，党的十八届三中全会审议通过了《中共中央关于全面深化改革若干重大问题的决定》，号召全党锐意进取，攻坚克难，谱写改革开放伟大事业历史新篇章。12月30日，中共中央决定成立全面深化改革领导小组，习近平总书记担任组长，负责改革的总体设计、统筹协调、整体推进、督促落实。中国科协作为党和政府联系8000多万科技工作者的桥梁纽带，也一起走上深化改革路途。

（1）有序承接政府转移职能

2013年3月，十二届全国人大一次会议通过《国务院机构改革和职能转变方案》。作为政府职能转移的主要承接方，中国科协在2013年12月成立推进学会有序承接政府转移职能领导小组办公室，对有序承接政府转移职能整体工作的具体落实进行部署。2014年8月27日，十二届全国人大常委会第十次会议通过的《国务院关于深化行政审批制度改革加快政府职能转变工作情况的报告》，明确提出要"开展中国科协所属学会有序承接政府转移职能的试点"。自此，首批10个中国科协所属学会有序承接政府转移职能的试点工作正式启动。

在前期试点的基础上，2015年5月5日，中央全面深化改革领导小组召开第十二次会议，审议通过了《中国科协所属学会有序承接政府转移职能扩大试点工作实施方案》。7月16日，中共中央办公厅、国务院办公厅印发《中国科协所属学会有序承接政府转移职能扩大试点工作实施方案》，将中国科协所属学会有序承接政府转移职能扩大试点工作纳入中央全面深化改革总体部署。

2016 年 10 月 20 日，中国科协所属学会有序承接政府转移职能试点工作总结电视电话会在北京召开，中共中央政治局委员、国家副主席李源潮出席会议并讲话。经过一年多的试点，有 69 家全国学会承接了 21 个政府部门转移委托的 87 项职能。李源潮指出，改革试点基本达到政府放心、社会满意、科技工作者认可的预期目标。此次会议的召开，标志着扩大试点工作主要任务基本完成，学会承接政府转移职能进入常态化开展阶段。2017 年，中国科协所属学会承接了 97 项政府和相关机构转移的职能。2018 年，中国科协所属学会承接了 135 项政府转移职能项目。一批学会承接的项目取得了良好的效果，得到有关方面的充分肯定。

（2）完成深化改革的顶层设计

在有序承接政府转移职能的同时，中国科协的深化改革也提上日程。2015 年，中共中央发布《关于加强和改进党的群团工作的意见》，为中国科协深化改革指引了方向。2016 年 1 月 11 日，习近平总书记主持召开中央全面深化改革领导小组第二十次会议，审议通过《科协系统深化改革实施方案》，会议指出，"科协系统深化改革，要把自觉接受党的领导、团结服务科技工作者、依法依章程开展工作有机统一起来，改革联系服务科技工作者的体制机制，改革治理结构和治理方式，创新面向社会提供公共服务产品的机制，把科协组织建设成为党领导下团结联系广大科技工作者的人民团体"。2016 年 3 月，中共中央办公厅印发了《科协系统深化改革实施方案》。

中国科协将《科协系统深化改革实施方案》分解为 4 方面 19 类 70 项改革内容，以解决"不亲不紧"问题为突破口，确定了科协基层组织建设、人才举荐、学会治理体系、网上科协建设等 10 项重点改革任务，以关键环节突破带动科协改革整体推进。2017 年年初，中国科协领导机构和机关改革完成，兼职副主席轮流定期驻会制度顺利实施并取得良好效果，挂职书记处书记发挥重要作用，挂职局、处级干部全部到位，事业单位功能定位重组调整完成。《科协系统深化改革实施方案》确定的 70 项改革任务中，到 2017 年年初，已有 21 项（占 30.0%）基本完成，23 项（占 32.9%）取得突破性进展，其余 26 项（占 37.1%）全部启动。

学会治理结构和治理方式出现积极变化，半数以上全国学会正式提交改革方案，全国学会普遍设立实体化秘书处，21 个学会实行理事会聘任秘书长制。截至 2018 年 9 月，先后组建生命科学、军民融合、清洁能源、信息科技、智能制造、先进材料、生态环境产学 7 个学会联合体，强化协同创新平台功能；制定《地方科学技术协会主席、副主席选举结果备案规定（试行）》，加强上级科协组织对下级科协组织的指导。

2017 年 4 月，中国科协办公厅印发《中国科协 2017 年学会改革要点》，指出 2017 年是学会改革的落实年，各学会理事会要把学会改革当作学会的头等大事。学会主要负责同志要切实增强改革意识，担负起推动改革的领导责任，明确改革目标，落实责任分工，强化改革实效。要按照"四服务"的职责定位和能力建设要求，着力建设"三型组织"，以"钉钉子"精神攻坚克难，勇涉改革深水区，大力推动既定改革部署落地生根，切实增强学会服务能力，激发自身活力，真正把学会建设成为具有中国特色的现代学会。中国科协提出 3 类 24 项学会改革任务，还首次对所属学会的改革工作开展年度目标考核。2018 年，中国科协提出 8 类 30 项改革要点，中国科协深化改革工作逐步推进。

（3）规范全国学会内部治理

进入新时代以来，全国学会内部治理结构更加健全。全国学会以建设中国特色现代科技社团为导向，学会治理相关制度不断完善，学会内部治理结构更加健全，内部治理的规范化程度大幅提升。

运行机制逐渐制度化、规范化。会员代表大会制度是学会的根本性制度，会员代表大会是全国学会的最高权力机构。一方面，各学会普遍将会员代表大会制度写入学会章程，以规范性文件的形式进行落实。2017 年，在《中国科学技术协会全国学会组织通则（试行）》发布后，中国科协依据《中国科学技术协会全国学会组织通则（试行）》第十九条规定，对六家问题学会逐一进行了工作约谈，部署整改要求，与学会一起分析和研究其工作中存在的问题，如不能按期开展换届工作等，帮助学会提高思想认识、正视存在问题、提出整改措施，深化学会改革，指导学会走上依法依章程正常发展的轨道。另一方面，各学会在会员代表大会制度中对会员代表的产生办法、产生程序、职责和权利都做出了明确的规定，使会员代表更具广泛性和代表性。

治理结构日益科学完善。全国学会不断加强内部治理结构的改革和优化，初步形成了以会员代表大会为核心的最高权力机构、以理事会常务理事会为决策核心的决策机构、以学会负责人为领导核心的执行机构和以监事会为代表的监督机构。它们之间形成了权责分明、相互制约、运作协调和规范管理的局面，为学会健康发展提供了基本保障。

自律机制不断增强。监事会是学会内部治理中的重要组成部分，监督方式更加多样化。近些年来，全国学会的监事会建设取得突破性进展，监督内容由财务监督为主向财务监督和学会重大决策的民主性、合法性监督有机结合转变，强化了实时监督和动态监督。截至 2020 年 1 月底，140 个学会成立了监事会并制定了相关工作制度，占全部学会的 66.67%。全国学会还注重用制度来规范学会建设与发展，制度制定与实施呈现高分布率的特点。截至 2019 年，超过 90% 的学会建立了各项管理制度，其中，执行民办非营利组织会计制度的学会达到 99.05%。

负责人素质与结构日趋改善。学会负责人是学会的领导核心，包括理事长、副理事长和秘书长。学会负责人，特别是理事长和秘书长的综合素质对学会的改革和发展具有重要的作用。《中国科学技术协会全国学会组织通则》规定，理事长（会长）、副理事长（副会长）任职时年龄一般不超过 70 周岁，秘书长任职时年龄一般不超过 62 周岁。2019 年，全国学会 59 岁及以下的理事长占比达到 44.5%，呈年轻化态势。

（4）调整全国学会机构设置

办事机构是学会工作的枢纽，也是学会对外联系的窗口。学会办事机构能力建设，决定着理事会的决策是否能够得到有力执行、学会的日常管理工作能否顺利进行、学会是否形成了核心竞争力。进入新时代以来，学会办事机构规模日益扩大，服务学会的能力不断增强。据学会年检数据，2019 年，93 个学会实行了理事会聘任秘书长制，占全部学会的 44.29%；119 个学会实行了秘书长专职工作制，占全部学会的 56.67%。随着全国学会开展工作的广度和深度拓展，其办事机构规模也呈现逐年增长趋势，从而对学会开展活动提供了有力支持。

学会从业人员数量稳定增长，专职工作人员结构不断优化。2015 年全国学会从业人员仅有 3366 人，2020 年这一数字提升至 4009 人，人数有了较大幅度的提升。专职工作人员数量增幅明显，而且专职人员呈现出高学历、年轻化的态势，人才结构进一步优化，全国学会从业人员劳动合同签署率和社会保障水平持续上升。

分支机构数量稳步增长。2014 年 2 月，民政部取消了全国社会团体分支机构和代表机构的设立、变更和终止的报批程序，全国学会分支机构的设立、变更自由度加大，自主性增强，程序更加简化，因此学会分支机构数量呈现稳步增长态势。2015 年全国学会分支机构有 3939 个，而 2019 年全国学会分支机构的数量则高达 5344 个，比 2015 年增长了 35.67%。分支机构的逐年增长，表明学会正向学科细分的方向发展，专业化程度加深有利于学会探索自己的新增长点，提升学会的自我造血能力，更好地为会员服务。

（5）加强会员管理和服务水平

进入新时代，全国学会服务会员的自主性和主动性显著增强，会员规模不断增长，会员质量显著提升，会员结构得到优化，会员管理和服务机制逐步健全，服务内容日益多样化、精准化。

会员数量规模不断增长。近年来，各个学会普遍将扩大会员规模作为战略目标之一，个人会员和单位会员都有显著增长。2020年，两级学会共有个人会员1324.3万人，团体会员32.2万个。其中全国学会有个人会员557.9万人，团体会员6.4万个；省级学会有个人会员766.4万人，团体会员25.8万个（图6-14）。个人会员规模处于前十位的全国学会有中华医学会、中国野生动物保护协会、中华护理学会等，它们在会员规模上已经可以比肩世界著名科技社团。

图 6-14　全国学会和省级学会个人会员情况

资料来源：中国科学技术协会. 中国科协2020年度事业发展统计公报 [EB/OL]. (2021-04-30) [2022-10-26]. https://www.cast.org.cn/art/2021/4/30/art_97_154637.html.

　　会员管理机制日益完善。全国学会普遍建立会员分级分类管理制度。学会一般按等级将会员分为荣誉会员、高级会员、普通会员、学生会员、通信会员等，对不同级别的会员采取不同的登记程序，赋予不同的权利和义务，实行有差别的会费收缴并给予相应的服务内容，并将会员级别与会员的学术成就联系起来，等级越高表明其学术地位越高，增强会员的荣誉感、归属感和获得感。

　　会员服务手段专业精准。全国学会现在普遍以服务会员为中心，构建组织的活动系统，实行民主办会，让会员广泛参与社会团体决策，通过设计丰富多元的会员服务机制，积极、准确、及时地回应不同会员的不同需求，如学术会议举办、资格认证、学习培训、信息咨询、科技奖励等。2021 年 10 月，中华口腔医学会第二十三次全国口腔医学学术会议在上海市举办，会议期间专设会员服务区，迎接来自全国各地的会员代表。现场举行会员互动活动，并赠送 400 本《中华口腔医学杂志》（口腔美学修复专辑）。每天中午开设会员抽奖，邀请手工艺人现场制作糖画，发放"我是 CSA 会员"的小贴画，这些活动都受到会员的热烈欢迎（图 6-15）。

图 6-15　中华口腔医学会第二十三次全国口腔
医学学术会议期间的会员服务活动

6.3.7 稳步推进学会党建工作

党的十八大以来，以习近平同志为核心的党中央加强社会组织党建工作，提出要实现社会组织党的建设和党的工作两个全覆盖。党的十九大首次对于社会组织基层党组织的职责提出明确要求，并写入了新党章。中国科协党组认真贯彻中央精神，努力推进学会党建工作。

（1）全面加强党建工作，实现党组织全覆盖

2015 年 9 月，中共中央印发《关于加强社会组织党的建设工作的意见（试行）》，指出社会组织是我国社会主义现代化建设的重要力量，是党的工作和群众工作的重要阵地，是党的基层组织建设的重要领域。各级党委（党组）要充分认识加强社会组织党的建设工作的重要意义，将其纳入党建工作总体布局，按照全面从严治党的要求，从严从实抓好各项任务落实。2016年 9 月 28 日，中国科协召开学会党建工作会议，出台《中国科协关于加强科技社团党建的若干意见》，对加强学会党建工作做出全面部署，成立中国科协科技社团党委，专事落实科协所属学会党建工作，逐步形成由党组对学会党建工作负主体责任、学会党建工作领导小组牵头推动学会党建工作、科协机关党委指导、有关部门协同配合、科技社团党委具体负责的工作机制。

中国科协党组在深入调查研究的基础上，创造性地提出在学会理事会层面设立功能型的党组织（亦称"学会党委"）。学会党委由理事会（常务理事会）中的中共党员酝酿产生，不审批发展党员，不重复统计党员信息，不选举党代表参加上一级党代会，发挥政治引领、思想引领、组织保障作用。这一党组织覆盖形式得到了学会的广泛认同和积极响应，在 5 个月内就有 138 个学会党委成立，成立学会党委的学会占中国科协所属学会总数的 65.7%。同时，针对学会办事机构规模不等、工作机制不同、人员流动性大的特点，中国科协党组积极协调学会办事机构和挂靠单位党委，

推动以独立设置学会办事机构党支部、设置临时党支部、挂靠单位学会党建小组、挂靠单位党支部覆盖和高度重合党支部等形式实现学会党组织覆盖，推动科技社团党委接转无挂靠支撑单位所属学会办事机构党员组织关系，在学会办事机构层面进一步健全党的基层组织。多种党组织覆盖方式的创新，使学会党组织覆盖率达到100%。2018年起，中国科协进一步推动条件成熟的学会探索建立分支机构党的工作小组，经过不断的努力，初步构建了学会理事会党委、学会办事机构基层党组织和学会分支机构党的工作小组的三层组织体系，为党建工作的开展提供组织支撑，使党建触角全面深入学会末梢。

（2）学会党委有力领导，推进党的工作全覆盖

学会党委负责人和学会负责人双向任职。截至2022年5月，196个学会党委的1496位党委委员中，学会负责人（理事长、副理事长、秘书长）有1072人，占总数71.7%。136位理事长担任党委书记，为加强学会党的领导提供了坚强的组织保障。学会党委将传达学习中央精神和中国科协部署作为学会召开理事会、常务理事会的首要内容，建立学习制度，党委书记、党委委员带头讲党课，推动将党建工作写入学会章程。学会党委实施了学会"三重一大"事项前置审议工作，不断强化对学会负责人等"关键少数"的政治监督。学会党委发挥政治引领作用，实现了党对学会的领导更加有力，政治引领作用得以在学会治理中体现，把握学会发展政治方向的作用得到强化。

为了更好地承担起引导科技工作者听党话、跟党走的政治任务，2019年，中国科协召开了中国科协党的建设工作会议，印发《中国科协党的建设工作方案》，提出构建科协系统大党建大合作的工作格局，统筹一体两翼。将学会党组织作为重要一翼，要求压实学会主体责任，发挥知名科学家的示范引领作用，抓住学会负责人这个"关键少数"，落实好学会党建工作任务。在科协党组领导下，面对新形势、新机遇、新挑战，学会党建

工作有了新的发展。2021年6月，中国科协召开了学会党建工作指导委员会成立大会，以"加强政治引领、制定发展规划、研究重大事项、进行宏观指导"为主要职责，形成了学会党建工作指导委员会、学会党建办公室、科技社团党委，建立了比较完备的工作体制机制。指导委员会实行双主任制，由党组书记张玉卓与钱七虎院士共同担任委员会主任，充分吸收袁亚湘、翁孟勇等著名院士专家参与学会党建工作，确保科技工作者在科协党建工作中的充分话语权，为破解学会党建难题奠定了领导基础。

（3）发挥党建引领作用，推动学会服务国家和基层

全国学会依托学会党建工作示范联合体，开展分类指导，促进党的作用发挥。在疫情防控中，党建引领科学抗疫，推动党建和业务的有机融合。2020年有50家优秀抗疫学会受到中国科协表彰，科技社团党委推出《抗击疫情——全国学会党组织在行动》简报30余期，在打赢防疫人民战争、总体战、阻击战中充分发挥了政治引领作用；通过开展"党建强会计划"项目，党建助力全面建成小康，服务科技精准扶贫，各学会党组织服务科技经济融合，汇聚学会资源开展扶贫工作，成立科技志愿服务队伍，开展科技帮扶、决策咨询、科普宣传及义诊捐赠等活动，助力地方经济发展，助力中小企业复工复产，助力打赢脱贫攻坚战。

（4）加强思想政治引领

建设中国科协党校全国学会分校，支持学会党组织发掘有关党关心支持科技工作、科技工作者以身报国投身科技事业、弘扬科学家精神等方面内容，建设学会党建宣传教育基地，拓展宣传教育阵地。2020年，全国学会工作会议对中国科协党校全国学会分校和首批5个教育基地进行授牌，推动"两学一做"和"不忘初心、牢记使命"主题教育活动常态化。在此基础上，全国学会有力有序开展党史学习教育。全国学会党组织发动本领域知名党员科学家开展"百名科学家讲党史党课"活动，150个学会党组

织开展党史党课宣讲近 400 次。学会党组织发挥人才资源优势，利用新技术把党课搬到网上，在"科界"平台举办了"大视野"云课堂，得到广大学会党员干部的热烈欢迎，开播以来累计受众 350 万人次，构筑了全国学会党校思想宣传的新阵地。全国学会通过开展形式多样的思想引领工作，团结凝聚广大科技工作者为建设科技强国贡献力量。

6.3.8 国际科技交流

中国科协所属全国学会坚持把国际民间科技交流作为重要使命，积极加入国际民间科技组织，支持中国科学家在国际科技组织中任职、参加重要国际学术会议，更多、更深地参与国际科学计划，传递中国价值、发出中国声音。中国科协所属全国学会主动申办重大国际科技会议，不断提升我国科技界的话语权，逐步拓展民间科技交流全球伙伴关系，充分发挥科协组织在民间科技外交中不可替代的独特作用，为建设创新型国家服务，为国家外交大局服务。

（1）从"请进来"到"走出去"

在推进国际学术交流与合作的过程中，全国学会逐步从"请进来"向"走出去"转变，由配合参加向主导决策转变。截至 2020 年，中国科协所属全国学会代表我国科技界加入国际民间科技组织 889 个，几乎覆盖了各学科领域所有重要的国际民间科技组织。同时，各全国学会加大力度向国际科技组织举荐人才，将更多优秀科学家推送到国际组织领导层，有力提高了中国科技界的国际话语权和主导权。2020 年，在国际民间科技组织中任职的中国专家有 2248 人，其中担任主席、副主席、执行委员会委员或相当职务的高级别任职专家有 1173 人，其他一般级别任职专家有 1060 人。近年来，全国学会积极发挥专业团体的组织优势，组织参加国际科学计划，对我国增强科技创新实力、提升国家话语权有积极深远的意义。2020

年，中国科协所属全国学会参加国际科学计划 154 项，6.2 万人次参加境外科技活动，接待境外专家学者 8000 人次。

（2）积极主动参与国际学术交流

依据中国科协"十三五"期间国际交流合作工作规划，中国科协于 2016 年 6 月启动实施"中国科协'一带一路'国际科技组织合作平台"项目。为推动项目顺利实施，加强对项目的宏观指导和决策，成立了以中国科协党组成员、书记处书记为组长的项目领导小组，组建了以中国科协国际联络部作为主要实施部门的项目领导小组办公室，制订了《中国科协"一带一路"国际科技组织合作平台建设项目实施方案》。

"中国科协'一带一路'国际科技组织合作平台"项目成果显著。项目承担单位与"一带一路"沿线国家相关组织签署合作备忘录，达成合作协议，举办国际研讨会，编撰国际组织名录，建立培训基地，成立联合研究中心，成立区域科技组织联盟。例如，国际数字地球学会承担了"数字丝路国际科技联盟"（Digital Silk Road Alliance）项目，在澳大利亚悉尼组织召开了"数字丝路国际科技联盟"成立大会（图6-16）。这是在"中国

图6-16　2017年4月5日"数字丝路国际科技联盟"在澳大利亚悉尼成立

科协'一带一路'国际科技组织合作平台"项目的培育下，首个在海外成立的以我国为主的国际科技联盟。

中国科协所属全国协会坚持把国际民间科技交流作为重要使命，积极加入国际民间科技组织，支持中国科学家在国际科技组织中任职、参加国际学术会议，更多、更深参与国际科学计划，传递中国价值、发出中国声音，扩大中国科技界"朋友圈"，为建设创新型国家和国家外交大局服务。全国学会对国际科技组织的参与程度在不断深化。

6.3.9　科技人才培养与科学家精神弘扬

促进科技人才的成长是学会固有的重要职责。长期以来，全国学会积极落实国家中长期科技规划纲要、人才规划纲要和教育规划纲要，通过积极搭建国内外专业学术交流平台发现人才，塑造奖励品牌推荐人才，举办宣传表彰活动激励人才，建好"科技工作者之家"。

（1）设立科技奖励，激励人才成长

学会设立的科技奖励是我国科技奖励体系的重要组成部分。2020年我国设立科技奖项1636项，其中全国学会设立365项；表彰奖励科技工作者14.7万人次，其中女性科技工作者4.0万人次，45岁以下科技工作者8.4万人次。

全国学会在科技奖励方面的工作逐步规范，社会认同度不断提高。全国学会还积极打造奖励品牌，探索创新奖励评选方式及手段，吸引更多优秀成果参与奖励评选。全国学会设立的科技奖励同行认可度、社会影响力不断提升，大大拓宽了优秀科技成果和杰出科技人物获得认可和肯定的渠道，成为国家科技奖励体系的重要补充。比如2015年中国科协设立"未来女科学家计划"，面向从事基础科学或生命科学领域研究（动物和化妆品研究除外）的女性科技工作者，每年评选1次，每次不超过5名，并将其中1名推荐为

"世界最具潜力女科学家奖"候选人，以此帮助女性科技人才成长成才，发现和举荐国际化科技后备人才。被中国科协纳入"未来女科学家计划"的白蕊于 2020 年 2 月 11 日获得第 22 届"世界最具潜力女科学家奖"。

（2）弘扬科学家精神，加强学风建设

2019 年，中共中央办公厅、国务院办公厅印发了《关于进一步弘扬科学家精神加强作风和学风建设的意见》。中国科协生命科学学会联合体等发出进一步弘扬科学家精神、加强作风和学风建设的倡议书，呼吁广大科技工作者继承胸怀祖国、服务人民的爱国精神和勇攀高峰、敢为人先的创新精神，坚持科学、严谨、求实、诚信的科研作风，做新时代科学家精神和科研诚信的自觉践行者。

一是维护学术尊严，保障学风建设。全国学会着重构建长效机制，注重提升工作实效，优化学术环境，弘扬科学道德。2017 年全国学会开展科学道德与学风建设宣讲活动 1924 场次，宣讲活动受众人数 315.2 万人次，参加活动的专家有 2.1 万人次。2018 年全国学会开展科学道德与学风建设宣讲活动 1986 场次，宣讲活动受众人数 365.7 万人次，参加活动的专家有 2.0 万人次。2019 年全国学会开展科学道德与学风建设宣讲活动 18094 场次，宣讲活动受众人数 566.8 万人次。2020 年全国学会开展科学道德与学风建设宣讲活动 8745 场次，宣讲活动受众人数 442.8 万人次。除 2020 年受疫情影响受众人数有所下降外，总体来看，科学道德与学风建设宣讲活动的场次和参加人数都在稳步增长。2020 年 5 月，中国病理生理学会组织了"科学家精神宣讲作品征集"活动，追溯学会发展史，宣传学会会员的典型事迹，弘扬科学家精神。

二是探索惩戒学术不端的工作机制。全国学会不断加强学风建设和科研诚信管理，健全学术不端惩戒机制。首先是加强组织建设。2020 年 6 月，中国计算机学会成立了计算机伦理和职业道德委员会。委员会实行双主席制，由来自计算领域和哲学领域的专家担任。其次是建立诚信档案。中国电机学会探索建立诚信档案制度，将学术规范和学术道德内化为科技工作者自身科学活动的行为准则及价值取向，营造良好的学术风气和创新氛围。最后是制定学术规范。中华中医药学会为进一步净化中医药学术环境，加强学术道德规范建设，完善学术诚信建设机制，提升学术团体的道德水平和公信力，通过专家论证，基本确立了《中华中医药学会学术道德行为规范》的内容，对造假、剽窃、行贿受贿、妨碍、包庇、泄密、谋取不正当利益及其他侵权行为等学术不端行为给予明确界定。

6.3.10 科技"战疫"

新型冠状病毒感染 [①] 疫情发生后，中国科协把打赢疫情防控阻击战作为最重要的工作，以应急科普工作为重点，积极主动配合有关部门和地方加强疫情防控，引导公众掌握防控知识、坚定战胜疫情的信心。2020 年 1 月 31 日，中国科协发出《战"疫"有我，为决胜攻坚提供科技志愿服务》倡议，号召广大科技工作者大力弘扬科技志愿服务精神，全力以赴、攻坚克难，与全国人民一道夺取疫情防控阻击战的最终胜利。在这一倡议下，全国学会立即行动。中华医学会、中华中医药学会、中华护理学会、中华预防医学会第一时间向全国医务工作者发出《致抗炎一线同仁书》，中国药学会、中国药理学会、中国毒理学会、中国病理生理学会等 188 个全国学会分别发布倡议书，203 个全国学会响应中国科协发出的倡议书，各领域科技工作者迅速行动起来，投入疫情防控战。

（1）投入疫情应急科普

中国科协成立应急科普领导小组，启动应急科普工作。全国学会、地

---

① 曾称"新型冠状病毒肺炎""新冠肺炎"。2022 年 12 月 26 日，国家卫生健康委发布公告，将新型冠状病毒肺炎更名为"新型冠状病毒感染"。下文涉及的文献、会议、网站专栏的名称或主题包含该疾病名称时，按照当时的表述方式。——出版者注

方科协以及相关单位组织动员全国科技工作者参与疫情防控和应急科普，构筑起打赢疫情防控阻击战的坚强阵线。

中国科协利用全民科学素质纲要实施工作办公室工作机制和"科学辟谣"平台合作机制，与国家卫生健康委、国家疾控中心保持联动，实时跟进网络舆情，有针对性地组织专家第一时间制作并发布科普信息。联合中国志愿服务联合会、中国平安集团发起"健康守护——抗击新型肺炎志愿服务行动"，帮助乡村医疗卫生机构人员及时掌握疫情防控知识。此外，中国科协还组织举办了巡回展览。在疫情防控常态化后，由中国科协科普部进行指导，中国科学技术馆牵头组织，联合多家地方科技馆，于2020年11月至2021年11月，在全国范围内开展"共襄战疫·共享未来——中国科协抗疫主题展览全国巡展活动"。

各专业学会纷纷主动发声，提出专业建议，供有关部门决策参考，为医务工作者和群众提供专业指导。中国医学救援协会制定大型公共卫生事件心理危机干预科普指南，开通全国心理援助电话热线，针对疫区人民和医务工作者提供心理健康服务。比如，中华医学会科学普及分会郭树彬教授在媒体上讲视频公开课，为公众解疑释惑；中国营养学会临床营养分会发布《关于防治新型冠状病毒肺炎的营养建议》；中国药学会发布《病毒防护药师须知》；中国制冷学会发布《春节上班后应对新冠肺炎疫情安全使用空调（供暖）的建议》。

（2）全国学会积极投入抗疫一线

医务工作者勇于担当，奋战一线，很多学会负责人亲临一线抗疫。2020年，中华医学会联系推荐20位高级别专家、110位相关专家，先后赴武汉参加救治工作。中国防痨协会理事长、中国疾控中心副主任刘剑君等专家一直战斗在临床一线。中国研究型医院学会副会长、中南大学湘雅医院院长雷光华带领专家团队出征武汉参与抗疫。中国女医师协会会长、北京大学第三医院院长乔杰院士带领北医三院第二批援鄂抗疫国家医疗队驰援武汉。2020年1月26日，国家卫生健康委专家组成员、中国病理生理学会重症医学专委会秘书长、首都医科大学宣武医院重症医学科主任姜利奉命驰援武汉市金银潭医院，开展抗疫救治工作（图6-17）。她与第一批到达武汉的几位重症医学专家坐镇7家重症定点医院，被称为"重症八仙"。

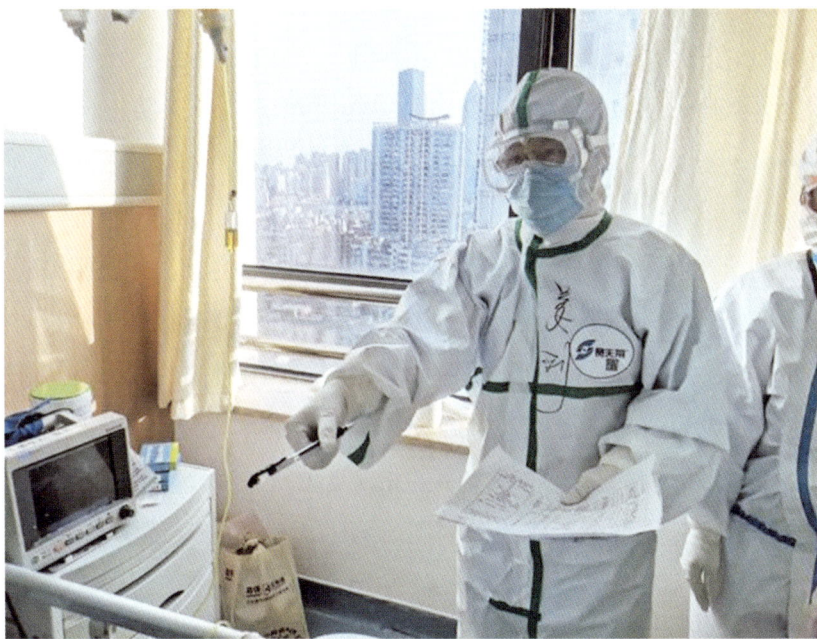

图6-17 姜利在武汉抗疫一线

中华护理学会理事长、北京协和医院护理部主任吴欣娟率先垂范，亲临抗疫一线，带领全国护理工作者奋勇抗疫。她在总结以往工作经验的基础上，结合危重症患者特点和临床护理实践的特殊性，带领团队及时制定了《新冠肺炎患者转入及转出重症监护病房护理标准操作流程（SOP）》，并且通过微信公众号第一时间分享出去，为国家制定相关护理规范提供可参考的要点内容。她还将自己与孙红主编出版的《实用新型冠状病毒肺炎护理手册》赠予全国护理同人。

（3）与国际同行进行交流

疫情暴发后，中华医学会积极参与抗疫国际交流，包括向世界医学会等 190 余个国际医学组织及俄罗斯等 86 个国家的医学会通报中国抗疫工作进展，分享中国抗疫经验。为帮助广大海外留学生更好地了解疫情、加强防护，做好疫情下的留学生健康科普宣传与服务工作，2020 年 4 月 14 日，中华医学会联合"健康中国"等平台发起了一系列服务海外留学生群体的活动。活动主要包括：海外留学生个人防护与心理健康在线访谈，各界代表为海外留学生送祝福，"你好，留学生"话题征集，等等。

中华医学会系列期刊在疫情暴发之初迅速做出响应，开通相关稿件的绿色服务通道，利用期刊出版平台迅速搭建起"新型冠状病毒肺炎防控和诊治"专栏，并在科技部、国家卫生健康委、中国科协的大力支持和指导下，迭代升级为"新型冠状病毒肺炎科研成果学术交流平台"，成为科研应急攻关项目形成的科研成果发布的指定学术平台。"新型冠状病毒肺炎科研成果学术交流平台"作为国内影响力最大的抗击疫情学术交流平台，受到国内、国际的广泛关注。平台自 2020 年 1 月 31 日上线以来，累计阅读量已突破 374 万次，一些指南类的文献阅读量超过 10 万次，部分优质的学术成果被翻译成英文在国外的权威期刊上转载。平台及其内容被人民网、新华网、《中国科学报》等多家国家级媒体报道，被世界卫生组织、世界医学会和国际知名出版商的平台推荐和转载，为世界各国抗击疫情提供了"中国经验"。

中国科协青少年科技中心迅速行动，与 69 个国家和地区（其中"一带一路"沿线国家 40 个）的国际科学教育机构携手，通过推送我国抗击疫情的中英文科普资源，普及疫情防控知识，提升青少年应对疫情的能力和科学自我防护的意识，向出现疫情的国家提供力所能及的帮助。首批推送的资源汇聚了我国"新冠肺炎疫情防控网上知识中心"、中小学网络云平台及"科普中国"新冠肺炎专题中有关个人防护、工作区域防护、公众出行注意事项等内容的英文科普视频。该项举措得到来自巴基斯坦、新加坡、罗马尼亚和泰国等对口组织的积极反馈。经济合作与发展组织科学基金会主席曼佐·侯赛因·索洛（Manzoor Hussain Soomro）对中国科协青少年科技中心的信息分享表示感谢，希望能开展后续合作。捷克科学技术学会联合会对有关科普资源表示高度赞赏，并计划向政府危机应对部门提供其中的视频资源。

（4）科技研发

一是为疫情防控提供科技支持。中华预防医学会汇集流行病学、生物统计学、疾病预防控制、传染病、卫生应急等与突发公共卫生事件紧密相关的专业领域的专家，成立中华预防医学会新冠肺炎防控专家组，为疫情防控决策提供专业咨询。在疫情快速上升期，专家组每天预报各省所需病床数，为国家疫情形势研判和资源调配发挥了主要技术支撑作用。截至2020年7月，中华预防医学会共计向国家卫生健康委上报工作简报（内容主要涉及当时疫情趋势研判、所需病床数预测、防控意见建议及网络舆情态势）18次，阶段性报告3份，专题报告7份；同时撰写发表了《新型冠状病毒肺炎流行病学特征的最新认识》《关于疫情应急处置阶段转入流行高峰持续防控阶段对策的思考》《关于疾病预防控制体系现代化建设的思考与建议》等多篇重量级学术文章。

二是投入疫苗和药物研发。中华预防医学会两位分会主任委员领军各自团队，开展了新冠疫苗研发。在全国最早进入临床试验的四款疫苗中，其中一款由中华预防医学会生物安全与防护装备分会主任委员陈薇院士率先开展了临床试验（图6-18）。生物制品分会主任委员杨晓明研究员领衔的中国生物制品研究所北京所和武汉所开展了两款疫苗研发。围绕新型冠状病毒病原传播变异、快速检测技术、疫苗抗体研制等方面，陈薇团队开展了科研攻关。2020年1月30日，陈薇团队紧急展开的帐篷式移动检测实验室开始运行，大大加快了确诊速度。4月12日，陈薇院士团队研发的腺病毒载体重组新冠病毒疫苗开展Ⅱ期临床试验。

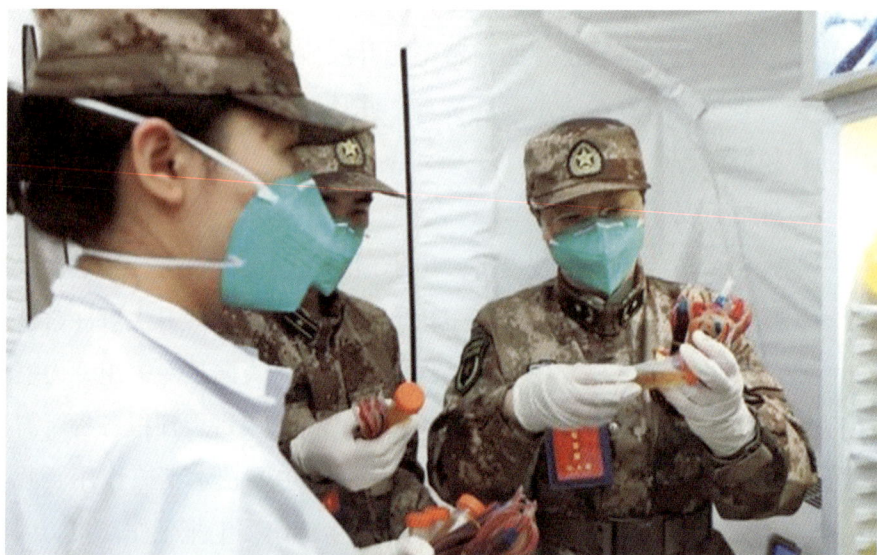

图6-18　中华预防医学会分会主任委员陈薇（右一）在负压帐篷式移动实验室检查血清分离（张振威 摄）

中华药学会药物临床评价研究专业委员会主任委员许重远教授第一时间组织行业各方专家起草《重大突发公共卫生事件（传染性疾病）一级响应下临床试验管理共识》，并根据形势变化升级至2.0版，指导国内各药物临床试验机构实操应对，最大限度减少了疫情对新药研发上市的影响。

回首百年奋斗路，从新民主主义革命到中华人民共和国成立，从改革开放到中国特色社会主义进入新时代，中国科技社团始终胸怀祖国与人民，在不同的历史阶段，义无反顾地担负起挽救民族危亡、谋求祖国发展和实现人民幸福的历史重任，与祖国命运休戚与共，与祖国发展同向同行。回溯中国科技社团的兴衰与荣辱、坚守与奋斗，我们可以看到，中国科技社团诞生于国难日亟之际，从其诞生伊始即具有强烈的爱国主义精神，它们在困顿中发展，在曲折中前行，在阴霾中不忘初心，直到中华人民共和国成立，它们才得以团结一致，成为党和政府联系科技工作者的桥梁和纽带，成为国家推动科技事业发展、建设世界科技强国的重要力量，在社会主义建设、改革开放和实现中华民族伟大复兴的事业中发挥自己的全部光和热，做出巨大贡献，实现百年理想，留下光辉足迹。

"科技兴则民族兴，科技强则国家强。"在开启全面建设社会主义现代化国家新征程的重要时刻，中国科技社团必将不忘初心、牢记使命，在中国科协的领导下，充分发挥自身组织网络及专业人才优势，集智聚才，传承和弘扬科学家精神，涵养优良学风，进一步开展党建强会，创新争先，为实现高水平科技自立自强、建成世界科技强国、实现中华民族伟大复兴做出新的更大贡献。

主要参考文献

一、中文图书

［1］ 《当代中国的科学技术事业》编辑委员会.当代中国的科学技术事业［M］.北京：当代中国出版社，香港祖国出版社，2009.

［2］ 邓楠.发展与责任　中国科协50年［M］.北京：中国科学技术出版社，2009.

［3］ 何志平，尹恭成，张小梅.中国科学技术团体［M］.上海：上海科学普及出版社，1990.

［4］ 林丽成，章立言，张剑.中国科学社档案整理与研究　发展历程史料［M］.上海：上海科学技术出版社，2015.

［5］ 曲安京.中国近现代科技奖励制度［M］.济南：山东教育出版社，2005.

［6］ 沈其益，等.中国科学技术协会［M］.北京：当代中国出版社，1994.

［7］ 王宝珏，丁忠言，尹恭成，等.中国科技社团概览 1568—1988［M］.武汉：湖北科学技术出版社，1990.

［8］ 王国强.中国共产党与科技社团的百年［M］.北京：北京科学技术出版社，2022.

［9］ 王名，刘国翰，何建宇.中国社团改革——从政府选择到社会选择［M］.北京：社会科学文献出版社，2001.

［10］ 王世刚，李修松，欧阳跃峰.中国社团史［M］.合肥：安徽人民出版社，1994.

［11］ 杨文志.现代科技社团概论［M］.北京：科学普及出版社，2006.

［12］ 张剑.赛先生在中国——中国科学社研究［M］.上海：上海科学技术出版社，2018.

［13］张允侯，等.五四时期的社团［M］.北京：生活·读书·新知三联书店，1979.

［14］中国科协发展研究中心课题组.近代中国科技社团［M］.北京：中国科学技术出版社，2014.

［15］中国科协学会服务中心.美英德日科技社团研究［M］.北京：中国科学技术出版社，2019.

［16］中国科学技术协会.中国科协全国学会发展报告2007［M］.北京：中国科学技术出版社，2007.

［17］中国科学技术协会.中国科协全国学会发展报告2009［M］.北京：中国科学技术出版社，2009.

［18］中国科学技术协会.中国科协全国学会发展报告2011［M］.北京：中国科学技术出版社，2011.

［19］中国科学技术协会学会学术部.科技社团改革创新与发展研究［M］.北京：中国科学技术出版社，2009.

［20］周桂发，杨家润，张剑.中国科学社档案整理与研究　书信选编［M］.上海：上海科学技术出版社，2015.

二、中文论文

［1］柯遵科，李斌.中国科学社的兴亡——以《科学》杂志为线索的考察［J］.自然辩证法通讯，2016，38（3）：21–33.

［2］李双璧.从"格致"到"科学"：中国近代科技观的演变轨迹［J］.贵州社会科学，1995（5）：102–107.

［3］李政，刘春平，李正风，等.我国科技社团组织模式创新——学会联合体结构功能之刍议［J］.今日科苑，2019（7）：81–91.

［4］任鸿隽.中国科学社社史简述［J］.中国科技史料，1983（1）：2–13.

［5］孙发锋.我国社会组织承接政府转移职能：问题与对策［J］.领导科学，2017（8）：

37-38.

[6] 万立明.论抗日根据地科技社团的发展及其作用[J].自然辩证法研究,2012,28(1):74-80.

[7] 王春法.中国科协发展的回顾与思考[J].科技导报,2016,34(10):4-11.

[8] 王国强,吕科伟.抗战后期红色科技社团的兴起[J].科学文化评论,2021,18(5):29-44.

[9] 王国强,张利洁.改革开放初期中国学会的兴起[J].自然辩证法通讯,2011,33(6):69-76,127.

[10] 王奇生.近代中国学会的历史轨迹[J].学会,1990(6):16-18,20.

[11] 王志芳.中国科协学会联合体运行模式与机制探究[J].民主与科学,2020(5):44-47.

[12] 项长生.我国最早的医学团体——体堂宅仁医会[J].中国科技史料,1991(3):61-69.

[13] 薛攀皋.中国科学社生物研究所——中国最早的生物学研究机构[J].中国科技史料,1992(2):47-57.

[14] 甄雪燕."一体堂宅仁医会"[J].中国卫生人才,2022(2):74-75.

三、英文图书

[1] LYONS H. The Royal Society 1660-1940: A History of Its Administration under Its Charters[M]. Cambridge: Cambridge University Press, 1944.

[2] SPRAT T. The History of the Royal Society of London for Improving of Natural Knowledge[M]. London: Georg Olms Verlagsbuchandlung, 1968(3).

[3] TINNISWOOD A. The Royal Society: And the Invention of Modern Science[M]. London: Basic Books, 2019.

174